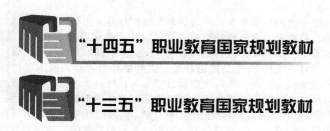

"十四五"职业教育国家规划教材

"十三五"职业教育国家规划教材

单片机技术与应用项目式教程

第 2 版

主　编　曹　华　林勇坚
副主编　谭艳梅　秦培林　马子龙
参　编　蒋朝宁　方　羽　黄庆模

机械工业出版社

本书是面向应用型本科和高职高专院校技术应用型和技能型人才的教学而编写的教材。在内容编排上针对高职高专教学及自学者学习的特点，从基础着手，深入浅出，引导读者举一反三；举例丰富，实用性强。全书共 8 个项目，项目 1、2 是理论基础，讲解单片机芯片的基本硬件以及仿真软件的安装与使用，为后面的项目打基础；项目 3 以发光二极管为主要控制对象，实现对单片机并行 I/O 口的控制并介绍中断系统的应用；项目 4 以蜂鸣器为主要控制对象，介绍单片机定时器/计数器的应用；项目 5 以数码管和按键为主要控制对象，实现对显示和键盘接口的控制并介绍串行通信的应用；项目 6 主要介绍 A-D 转换与 D-A 转换的应用；项目 7 完成温度计系统设计；扩展项目通过点阵屏与 LCD12864 两种显示方式给出俄罗斯方块的设计。

　　本书可作为应用型本科和高职高专院校应用电子技术专业、电子信息工程技术、电气自动化技术等专业的教材，不同专业在学习过程中可根据具体情况进行合理取舍。本书也可供对单片机有兴趣的学生和其他非专业技术人员学习使用。

　　为方便教学，本书配有电子课件、习题解答、模拟试卷及答案，并提供书中例程的汇编语言与 C 语言源程序。选用本书作为授课教材的老师可来电索取或登录机械工业出版社教育服务网（www.cmpedu.com）免费下载。咨询电话：010-88379375。

图书在版编目（CIP）数据

单片机技术与应用项目式教程/曹华，林勇坚主编. —2 版. —北京：机械工业出版社，2024.2（2025.1 重印）
　　"十四五" 职业教育国家规划教材：修订版
　　ISBN 978-7-111-75026-0

　　Ⅰ.①单… Ⅱ.①曹… ②林… Ⅲ.①单片微型计算机-高等职业教育-教材 Ⅳ.①TP368.1

中国国家版本馆 CIP 数据核字（2024）第 029071 号

机械工业出版社（北京市百万庄大街 22 号　邮政编码 100037）
策划编辑：高亚云　责任编辑：高亚云
责任校对：梁　静　封面设计：鞠　杨
责任印制：郜　敏
河北鑫兆源印刷有限公司印刷
2025 年 1 月第 2 版第 4 次印刷
184mm×260mm · 14.75 印张 · 363 千字
标准书号：ISBN 978-7-111-75026-0
定价：42.80 元

电话服务　　　　　　　　　网络服务
客服电话：010-88361066　　机　工　官　网：www.cmpbook.com
　　　　　010-88379833　　机　工　官　博：weibo.com/cmp1952
　　　　　010-68326294　　金　书　网：www.golden-book.com
封底无防伪标均为盗版　机工教育服务网：www.cmpedu.com

关于"十四五"职业教育
国家规划教材的出版说明

为贯彻落实《中共中央关于认真学习宣传贯彻党的二十大精神的决定》《习近平新时代中国特色社会主义思想进课程教材指南》《职业院校教材管理办法》等文件精神，机械工业出版社与教材编写团队一道，认真执行思政内容进教材、进课堂、进头脑要求，尊重教育规律，遵循学科特点，对教材内容进行了更新，着力落实以下要求：

1. 提升教材铸魂育人功能，培育、践行社会主义核心价值观，教育引导学生树立共产主义远大理想和中国特色社会主义共同理想，坚定"四个自信"，厚植爱国主义情怀，把爱国情、强国志、报国行自觉融入建设社会主义现代化强国、实现中华民族伟大复兴的奋斗之中。同时，弘扬中华优秀传统文化，深入开展宪法法治教育。

2. 注重科学思维方法训练和科学伦理教育，培养学生探索未知、追求真理、勇攀科学高峰的责任感和使命感；强化学生工程伦理教育，培养学生精益求精的大国工匠精神，激发学生科技报国的家国情怀和使命担当。加快构建中国特色哲学社会科学学科体系、学术体系、话语体系。帮助学生了解相关专业和行业领域的国家战略、法律法规和相关政策，引导学生深入社会实践、关注现实问题，培育学生经世济民、诚信服务、德法兼修的职业素养。

3. 教育引导学生深刻理解并自觉实践各行业的职业精神、职业规范，增强职业责任感，培养遵纪守法、爱岗敬业、无私奉献、诚实守信、公道办事、开拓创新的职业品格和行为习惯。

在此基础上，及时更新教材知识内容，体现产业发展的新技术、新工艺、新规范、新标准。加强教材数字化建设，丰富配套资源，形成可听、可视、可练、可互动的融媒体教材。

教材建设需要各方的共同努力，也欢迎相关教材使用院校的师生及时反馈意见和建议，我们将认真组织力量进行研究，在后续重印及再版时吸纳改进，不断推动高质量教材出版。

机械工业出版社

前　言

　　单片机已经渗透到我们生产、生活的各个领域，几乎很难找到哪个领域没有单片机的踪迹。因此，无论是电子信息类专业，还是装备制造类专业，单片机技术课程在专业培养中都尤为重要。单片机技术实践性极强，理论与实践结合紧密。这些年，我们根据课程的特点，采用了项目式教学，并在校内外各种竞赛中初见成效。

　　本书有如下特点：

　　1）结合单片机技术课程特点，注重职业精神和创新精神的培养，落实立德树人，厚植爱国情怀，激发学生创业信心。

　　2）项目式教学。以典型的项目为载体，将知识点分解到具体任务中，通过完成任务，学习任务相关知识与技能。部分有兴趣的同学还可以通过提高任务，巩固所学知识。

　　3）双语言编写。根据不同专业的编程需要，除了扩展项目外，本书其他项目均同时采用了汇编语言、C语言编写程序。

　　4）硬件与仿真结合。对于最小系统可完成的项目，均采用了以硬件为对象的程序编写，同时进行仿真验证，对于少数硬件与仿真的差别也做了简单介绍。

　　5）配有数字化教学资源。包括课程标准、授课计划、课件等资源包。本书设置若干二维码，链接教学视频，读者可扫码学习。同时在百应慕课 http://www.bymooc.net/MajorCourses/NewCourses 配套在线课程，搜索"单片机技术与应用（项目式）"，读者可注册免费学习。

　　本书由广西机电职业技术学院曹华、林勇坚任主编，广西机电职业技术学院谭艳梅、秦培林和马子龙任副主编，参加编写的还有广西机电职业技术学院蒋朝宁、方羽和广西好学科技有限公司黄庆模。具体分工为：曹华、林勇坚对本书的编写思路与大纲进行总体策划，指导全书的编写，对全书统稿，并完成了项目1、项目3和项目6的编写；谭艳梅协助完成统稿工作，并编写了项目5和附录A；秦培林协助完成统稿工作，并编写了项目7；方羽编写了项目4；蒋朝宁编写了项目2；马子龙编写了扩展项目和附录C；黄庆模编写了附录B和附录D，并负责项目设计。

　　本书编写过程中，得到了广西好学科技有限公司的大力支持，在此也向对本书编写提供帮助的企业以及人士表示感谢。

　　本书虽几经修改，但因编者水平有限，书中难免存在错误，恳请读者提出宝贵意见。

编　者

二维码索引

目　录

项目1 数制初步

 学习要求

1）掌握不同数制的计数方法。
2）掌握数制之间的转换。
3）掌握带符号数的表示。
4）了解几种常用编码。
5）培养逻辑运算能力。

 知识点

1）不同数制之间的转换。
2）原码、反码与补码之间的关系。
3）编码方法。

任务1 数制及其转换

 任务要求

在理解二进制、八进制、十六进制数的计数方法的基础上，快速地完成数制之间的转换。

 要点分析

正确理解几种数制的基数之间的关系。

 学习要点

1.1.1 几种常用数制

说到数数，小朋友都会"0、1、2、3、4…9"，这就是常用的十进制数，但计算机不是这样数的，它会"0、1、10、11、100…11111111"，这就是二进制数。就像与外国人的对话一样，如果用他们的母语与他们沟通，那肯定是理解最快的，所以，如果人们可以直接用二进制来与计算机沟通的话，自然也是最快的。但是，要做到很难。为此，人们在编程时又经常用到十进制、十六进制和八进制。

数制其实就是计数的规则，即以几个数为一个周期来计数。数可以用基数和权的方式来表示。所谓"基数"，就是数制所使用数码的个数，例如十进制的基数为10，二进制的基数为 2，十六进制的基数为 16 等。所谓 "权"，就是基数的某次幂，例如，十进制数 674，6 的权是 10^2，即 100，也就是说 6 所在的位置使它成为 600；7 的权是 10^1，即 10；4 的权是 10^0，即 1。再如，二进制数 1101，左数第一个 1 的权是 $2^3 = 8$，第二个 1 的权是 $2^2 = 4$，0 的权是 $2^1 = 2$，第三个 1 的权是 $2^0 = 1$。

1. 十进制

十进制是我们日常使用最多的计数方法，以 10 为基数，逢十进一，借一当十。使用的数码为 0、1、2、3、4、5、6、7、8、9，共十个，一般地说，任意一个十进制数 D 都可以表示为

$$D = D_{n-1} \times 10^{n-1} + \cdots + D_1 \times 10^1 + D_0 \times 10^0 + D_{-1} \times 10^{-1} + \cdots + D_{-m} \times 10^{-m}$$

$$= \sum_{-m}^{i=n-1} D_i \times 10^i \tag{1-1}$$

式中，n 为整数的位数；m 为小数点的位数；D_i 为第 i 位的系数，可以是十进制数码中的任一个；10^i 为第 i 位的权。例如：

$$(3920.56)_{10} = 3 \times 10^3 + 9 \times 10^2 + 2 \times 10^1 + 0 \times 10^0 + 5 \times 10^{-1} + 6 \times 10^{-2}$$

2. 二进制

二进制是计算机技术中广泛采用的一种数制，以 2 为基数，逢二进一，借一当二。使用的数码仅有 0 和 1 两个，任意一个二进制数 B 都可以表示为

$$B = \sum_{-m}^{i=n-1} B_i \times 2^i \tag{1-2}$$

式中，B_i 为第 i 位的系数，仅可取 0 或 1；2^i 为第 i 位的权。例如：

$$(1101.11)_2 = 1 \times 2^3 + 1 \times 2^2 + 0 \times 2^1 + 1 \times 2^0 + 1 \times 2^{-1} + 1 \times 2^{-2}$$

3. 十六进制

十六进制也是计算机中数据的一种表示方法，以 16 为基数，逢十六进一，借一当十六。但我们只有 0~9 这十个数字，所以我们用 A、B、C、D、E、F 这六个字母来分别表示 10、11、12、13、14、15。使用的数码为 0、1、2、3、4、5、6、7、8、9、A、B、C、D、E、F 共十六个，字母不区分大小写。任意一个十六进制数 H 都可以表示为

$$H = \sum_{-m}^{i=n-1} H_i \times 16^i \tag{1-3}$$

式中，H_i 为第 i 位的系数，可以是十六进制数码中的任一个；16^i 为第 i 位的权。例如：

$$(A87.BF)_{16} = 10 \times 16^2 + 8 \times 16^1 + 7 \times 16^0 + 11 \times 16^{-1} + 15 \times 16^{-2}$$

4. 八进制

八进制在计算机系统中也很常见，以 8 为基数，逢八进一，借一当八。使用的数码为 0、1、2、3、4、5、6、7 共八个，任意一个八进制数 Q 都可以表示为

$$Q = \sum_{-m}^{i=n-1} Q_i \times 8^i \tag{1-4}$$

式中，Q_i 为第 i 位的系数，可以是八进制数码中的任一个；8^i 为第 i 位的权。例如：

$$(73.02)_8 = 7 \times 8^1 + 3 \times 8^0 + 0 \times 8^{-1} + 2 \times 8^{-2}$$

1.1.2 不同数制之间的相互转换

1. 十进制数转换为二、十六进制数

十进制数转换为二、十六进制数分整数、小数两个部分实现。对整数部分，连续除以转换进制基数，直到商为 0，每除一次取一个余数，自下向上取余数值；对小数部分，用转换进制的基数乘以小数部分，直至小数为 0 或达到转换精度要求的位数。每乘一次取一次整数，自上向下取整数值。以十进制数转二进制为例：

$(26.306)_{10} = (11010.0101)_2$ 　　　　要求保留 4 位小数

```
2 | 26    …余 0   最低位              0.306
  2 | 13    …余 1   ↑                ×        2
    2 | 6     …余 0   ↑                0.612   …取整 0   最高位
      2 | 3     …余 1   ↑              ×        2
        2 | 1     …余 1   最高位         1.224   …取整 1   ↓
            0                          0.224
                                       ×        2
                                       0.448   …取整 0   ↓
                                       ×        2
                                       0.896   …取整 0   最低位
```

由于要求保留 4 位小数，0.896 大于 0.5，因此按"四舍五入"原则，最低位取 1。

2. 二进制数与八进制数之间的相互转换（以下均采用交替的背景颜色表示了对应的数据）

1 位的八进制数可以表示为相应的 3 位二进制数，即 $2^3 = 8$，例如：

$$(70.5)_8 = (111000.101)_2$$

八进制数转换为二进制数：先将每位八进制数写成对应的三位二进制数，然后再按原来的顺序排列即可。

二进制转为八进制：对整数部分，从最低位开始，按三位一组分组，不足三位前面补 0；对小数部分，则从最高位开始按三位一组分组，不足三位后面补 0。然后每组以其对应的八进制数代替，排列顺序不变。例如：

$$(10011.1101)_2 = (23.64)_8$$

3. 二进制数与十六进制数之间的相互转换

由于 $2^4 = 16$，所以 1 位十六进制数可以表示为相应的 4 位二进制数，它们之间的相互转换方法与八进制数与二进制数的转换相似，只是按四位一组分组。例如：

$$(47F)_{16} = (10001111111)_2$$
$$(10100110.01)_2 = (A6.4)_{16}$$

从以上转换可以看出，通过二进制数作中间变量还能够完成八进制数与十六进制数之间的转换。例如：

$$(374)_8 = (011111100)_2 = (011111100)_2 = (0FC)_{16}$$
$$(8DC)_{16} = (100011011100)_2 = (100,011,011,100)_2 = (4334)_8$$

4. 其他进制数转换为十进制数

用按权展开求和的方法即可，例如：

$$(101010.011)_2 = 1 \times 2^5 + 1 \times 2^3 + 1 \times 2^1 + 1 \times 2^{-2} + 1 \times 2^{-3}$$
$$= 32 + 8 + 2 + 0.25 + 0.125$$
$$= (42.375)_{10}$$

$$(523)_8 = 5 \times 8^2 + 2 \times 8^1 + 3 \times 8^0$$
$$= 320 + 16 + 3$$
$$= (339)_{10}$$

$$(A1D)_{16} = 10 \times 16^2 + 1 \times 16^1 + 13 \times 16^0$$
$$= 2560 + 16 + 13$$
$$= (2589)_{10}$$

5. 数制的表示

由于我们会讲到汇编语言和 C 语言两种编程语言，在这里我们分别描述在两种编程语言中数制的表示。

在汇编语言中对于不同数制的数据，通常是在数后加字母符号来区别，例如：

十进制：896D 或 896。

二进制：110100011B。

十六进制：3AH，9D8CH，0F6H（注意：首位为字符时，即 A~F，必须在前面加 0）。

八进制：765Q。

在 C 语言中，作为高级编程语言，通常不使用二进制的表示方法，其他常用的数制表示方法则按如下规则：十进制与平时的表示方式相同，8 进制以数字 0 开头（区别于 C 语言中八进制输出格式时的字母 o），十六进制以 0x 开头，例如：

十进制：896。

十六进制：0x3A，0x9D8C，0xF6。

八进制：0765。

各数制的对照关系见表 1-1。

表 1-1　各数制的对照关系

十进制	八进制	二进制	十六进制
0	0	0000	0
1	1	0001	1
2	2	0010	2
3	3	0011	3
4	4	0100	4
5	5	0101	5
6	6	0110	6
7	7	0111	7
8	10	1000	8
9	11	1001	9
10	12	1010	A
11	13	1011	B
12	14	1100	C
13	15	1101	D
14	16	1110	E
15	17	1111	F

任务2 机器数与真值

任务要求

掌握带符号数的表示方法，以及几种常用编码。

要点分析

计算机以补码形式进行运算，可以将减法变换为有符号数的加法，简化了计算。

学习要点

1.2.1 计算机的带符号数

大家都知道数是有正负之分的，我们通常在数字前写"+"表示比0大的数，也就是正数，也可省略不写；用"−"表示比0小的数，也就是负数。而在二进制中只有"0"和"1"，如何去表示带符号数的正、负符号呢？在二进制数中，规定最高位作为符号位，正因为有了0和1，我们可以区别两种不同的带符号数，用"0"表示正数，用"1"表示为负数。由此，一个二进制数，连同符号位在内作为一个数据，称之为机器数，它是计算机能直接识别的数；而用"+""−"号分别表示正数和负数的数据，称之为真值。以八位机为例：

+127 的机器数为0 1111111。

−127 的机器数为1 1111111B。

       符号位   数值位

上面两个机器数的真值分别为+1111111B 和−1111111B。可以看出，这是八位二进制数的一个极值了，对于8位来说，除了符号位，最大只能有7个数值位。所以八位二进制原码能表示数的范围为：−127～127。

在计算机中常用的机器数有原码、反码、补码三种形式，下面分别介绍。

1. 原码

对于带符号数，正数的符号位用0表示，负数的符号位用1表示，这种表示法称为原码。如

[+97]$_原$ = 0 1100001B

[−97]$_原$ = 1 1100001B

在−127～+127 范围内，我们在数值的前面加符号位即可，那么原码中，数值"0"究竟是正数还是负数？实际上有两种表示法，即

[+0]$_原$ = 0 0000000B

[−0]$_原$ = 1 0000000B

原码表示法简单易懂，且与真值转换方便，但是，当两个异号数相加或两个同号数相减时，就要进行减法运算。而在计算机中的微处理器一般只有加法器，而没有减法器，所以为了把减法运算变为加法运算就引入了反码和补码。

2. 反码

反码与补码要考虑两种情况：正数与负数。

1）正数的反码：与正数的原码相同，最高位为符号位，其余则为数值位。例如：

$[+97]_反 = 0\ 1100001B$

符号位　数值位

2）负数的反码：保持其原码的符号位不变，即最高位不变，数值位则按位取反。例如：

$[-97]_原 = 1\ 1100001B$

$[-97]_反 = 1\ 0011110B$

反码所能表示的数值范围，对于八位机来说为 $-127 \sim +127$；对 0 也有两种表示法，即

$[+0]_反 = 0\ 0000000B$

$[-0]_反 = 1\ 1111111B$

3. 补码

正数的补码与正数的原码相等；负数的补码为其反码末位加 1。例如：

$[+97]_补 = [+97]_原 = 0\ 1100001B$

$[-97]_补 = [-97]_反 + 1 = 1\ 0011110 + 1 = 1\ 0011111B$

经过这一轮转换，那补码再求补码结果如何呢？实际上，补码的数值位按位取反后，末位加 1，也可转换为原码。

[例]　已知 $[-97]_补 = 1\ 0011111$，求 $[[-97]_补]_补 = ?$

解：将补码除符号位外逐位取反后，得 1 1100000，则

$[[-97]_补]_补 = 1\ 1100000 + 1 = 1\ 1100001B = [-97]_原$

前面已提到过，在计算机中，对于带符号的数，采用补码表示法，目的是使减法转换为加法运算，从而使正、负数的加减运算变为单纯的加法运算。

此时，八位二进制补码能表示数的范围为

$-128(10000000B) \sim +127(01111111B)$

在补码中，我们会发现 +0 与 -0 的表示法相同，即

$[+0]_补 = [-0]_补 = 00000000B$

综上所述，我们可以总结出（以 X 表示任意数）：

1）$[[X]_补]_补 = [X]_原$。

2）$[+0]_补 = [-0]_补 = 00000000B$。

3）对于正数：$[X]_原 = [X]_反 = [X]_补$。

对于负数：原码 $\xrightarrow[\text{符号位不变，数值按位取反}]{}$ 反码 $\xrightarrow[+1]{}$ 补码。

1.2.2　计算机的溢出

前面我们提到，对于八位机而言，二进制补码表示的范围是 $-128(10000000B) \sim 127(01111111B)$，那么小于 -128，大于 127 的数呢？对于这样的数，我们称之为溢出。溢出是指超出计算机所能表示数的范围。由于采用了补码表示法，计算机在处理带符号数与不带符号数时，同样对待，处理方法是一致的。

当不带符号数进行加减运算时，当数值最高位出现了进位或借位，统称进位。可见，进

位与溢出相一致。当数值相加有进位，表示"和"超出了数值表示的最大值，产生了上溢出；当数值相减有借位，表示不够减，"差"为负数，超出了数值表示的最小值，产生了下溢出。可是，在进行减法时，补码也是以无符号数加法来完成的，所以，我们只讨论是否溢出。仍然以八位机为例，存放运算结果的存储器能装入的数值范围为 0（00000000B）~ 255（11111111B），若超出则有进位，同时也产生溢出。在这里需要注意：因为带符号数有一位符号位，所以其范围是-128（10000000B）~ 127（01111111B）；而无符号数的最高位也是数值位，所以其范围才是 0（00000000B）~ 255（11111111B）。我们来看个例子：

127+129 = 256（> 255）

计算机采用二进制加法运算规则，从最低位开始逐位相加，即

$$127 = 01111111B$$
$$+129 = 10000001B$$

进位→ 1 00000000B

溢出

由于运算结果超出 8 位二进制数，有进位，产生溢出（256 > 255）。但用进位和结果数一起表示的数值仍可取得正确的运算结果。也就是说，如果不是八位机，比如 32 位系统，那么根据二进制转换原理，$2^8 = 256$，结果正确。所以位数越大，处理信息的能力越强。

计算机对带符号数进行加减运算时，均采用补码形式进行，其结果也仍为补码，但进位与溢出并不一致，只有绝对值增大才有可能有溢出。上述已知八位机补码能表示数的范围为-128（10000000B）~ +127（01111111B），只要运算结果不超过规定的数的表示范围，也即不产生溢出，则结果总为正确的，否则结果出错。

前面提到，补码将减法变成了加法，现在我们来看看补码的运算规则。

（1）补码的加法运算规则

$$[X+Y]_补 = [X]_补 + [Y]_补$$

（2）补码的减法运算规则

$$[X-Y]_补 = [X+(-Y)]_补 = [X]_补 + [-Y]_补$$

其中 $[-Y]_补$ 可由 $[Y]_补$ 的符号位和数值位全取反加 1 求得。

现在我们来看看补码的运算。

1. 两个正数求和

（1）54+46 = 100

计算机采用补码运算：

```
 [54]补: 0 0 1 1 0 1 1 0B
+[46]补: 0 0 1 0 1 1 1 0B
         0 1 1 0 0 1 0 0B
```

两个正数相加，运算结果仍为正数（最高位符号位仍然为"0"），同时考虑补码范围-128 < 100 < +127，不超过规定的表述范围，表明结果正确。

（2）110+20 = 130

```
 [110]补: 0 1 1 0 1 1 1 0B
+ [20]补: 0 0 0 1 0 1 0 0B
          1 0 0 0 0 0 1 0B
```

两个正数相加，运算结果已为负数（最高位符号位变为"1"），同时 130 > 127，表明结果不正确。也就是说，正数加正数等于负数，出错！

2. 两个负数求和

（1）（-54）+（-46）= -100

$[-54]_原 = 10110110B$ $[-46]_原 = 10101110B$

$[-54]_反 = 11001001B$ $[-46]_反 = 11010001B$

$[-54]_补 = 11001010B$ $[-46]_补 = 11010010B$

$$[-54]_补:\ 1\ 1\ 0\ 0\ 1\ 0\ 1\ 0B$$
$$+\ [-46]_补:\ 1\ 1\ 0\ 1\ 0\ 0\ 1\ 0B$$
$$\overline{\text{进位}\rightarrow 1\ 1\ 0\ 0\ 1\ 1\ 1\ 0\ 0B}$$

    自然丢失

因为运算结果仍为补码形式，根据前面总结出来的 $[[X]_补]_补 = [X]_原$，经过再一次的求补后就可以得到原码，所以按步骤先求得负数的反码：11100011B。

再求补码：11100011B+1 = 11100100B = $[-100]_原$。

两个负数相加，运算结果仍为负数（最高位符号位仍然为"1"），同时根据补码表示数的范围，-128 < -100 < 127，不超过规定的表示范围，表明结果正确。

（2）（-47）+（-85）= -132

$[-47]_原 = 10101111B$ $[-85]_原 = 11010101B$

$[-47]_反 = 11010000B$ $[-85]_反 = 10101010B$

$[-47]_补 = 11010001B$ $[-85]_补 = 10101011B$

$$[-47]_补:1\ 1\ 0\ 1\ 0\ 0\ 0\ 1B$$
$$+\ [-85]_补:1\ 0\ 1\ 0\ 1\ 0\ 1\ 1B$$
$$\overline{\text{进位}\rightarrow 1\ 0\ 1\ 1\ 1\ 1\ 1\ 0\ 0B}$$

由于两个负数相加得正数，而且运算结果 -132 < -128，不在补码的表示范围内，所以结果不正确。也就是说，负数加负数等于正数，出错！

3. 两数求差

由于相减在补码中也转换为加法，这里我们就只看看计算的过程，其他算法与加法相同。

（1）52-38 = 14

$X-Y = [[X-Y]_补]_补 = [[X]_补+[-Y]_补]_补$

      $= [[52]_补+[-38]_补]_补$

$[52]_补 = 00110100B$

$[-38]_原 = 10100110B$ $[-38]_反 = 11011001B$ $[-38]_补 = 11011010B$

$$[52]_补:\ \ \ 0\ 0\ 1\ 1\ 0\ 1\ 0\ 0\ B$$
$$[-38]_补:+\ \ 1\ 1\ 0\ 1\ 1\ 0\ 1\ 0\ B$$
$$\overline{\text{进位}\rightarrow 1\ 0\ 0\ 0\ 0\ 1\ 1\ 1\ 0\ B\rightarrow = [14]_补 = 14}$$

（2）38-52 = -14

$X-Y = [[X-Y]_补]_补 = [[X]_补+[-Y]_补]_补$

      $= [[38]_补+[-52]_补]_补$

$[38]_\text{补}=00100110B$

$[-52]_\text{原}=10110100B$ $[-52]_\text{反}=11001011B$ $[-52]_\text{补}=11001100B$

$$
\begin{array}{r}
[38]_\text{补}:\quad 0\ 0\ 1\ 0\ 0\ 1\ 1\ 0\ B\\
[-52]_\text{补}:+\quad 1\ 1\ 0\ 0\ 1\ 1\ 0\ 0\ B\\
\hline
1\ 1\ 1\ 1\ 0\ 0\ 1\ 0\ B
\end{array}
$$

根据补码规则，因为是负数，所以 11110010B 再求一次补：

反码：10001101B；补码：10001110B→−14。

计算机在做算术运算时，必须检查溢出，以防止发生错误。

4. 溢出的判断

在上述示例中，可以总结得到溢出的充分条件：正数+正数=负数、负数+负数=正数，必定有溢出，结果错误；如果正数+正数=正数、负数+负数=负数或者正数+负数，那么无溢出。

计算机是如何判断进位及溢出的状况呢？例如单片机，它通过程序状态寄存器 PSW 的进位（借位）标志 CY（CY=1，表示有进位；CY=0，无进位）和溢出标志 OV（OV=1，表示有溢出，否则无）的状态来进行判断。

对于八位二进制数据，一般称最低位为第 0 位，最高位为第 7 位，采用左高右低的方式写数据，如下所示：

位 7   位 6   →   位 0

D7	D6	D5	D4	D3	D2	D1	D0

当进行加法运算时，若在位 D7、D6 均有进位或均无进位，即 CY7⊕CY6=0（⊕表示异或），则 OV=0，表示运算结果正确。若在位 D7、D6 中仅有一位有进位，另一位无进位，即 CY7⊕CY6=1，则 OV=1，表示得到两个正数相加、和为负数，或两个负数相加、和为正数的错误结果。

当进行减法运算时，若在位 D7、D6 中均产生借位或均无借位，则 OV=0，表示运算结果正确；若在位 D7、D6 中仅有一位产生借位，而另一位无借位，则 OV=1，表示得到一个正数减负数得负数，或一个负数减正数得正数的错误结果。

在单片机中，每次运算后程序状态寄存器 PSW 都要给出有无进位（借位）与有无溢出的标志，以此判断运算结果的状态正确与否，并做出相应程序转移处理。

1.2.3 编码

计算机所处理的数据、信息都是二进制数码的形式，二进制数码不仅可以表示数值的大小，而且可以用来表示特定意义的信息。例如人们为了编制程序、识别处理结果方便，输入输出的信息通常采用英文字母、阿拉伯数字和各种常用的符号，它们在机器中都必须以特定的二进制信息来表示，这就是二进制编码。

1. 二-十进制码

计算机仅能识别二进制数，但对于人们的习惯用法来说，非常不方便，不够直观。人们习惯使用的是十进制数，所以在计算机输入和输出数据时，通常采用二进制编码的十进制数——BCD 码，它是十进制数，符合逢十进一的规则，用四位二进制数来表示 0~9 这十个十进制数码，由于四位二进制数从 0000~1111 共有十六种组合，因此有很多种 BCD 码，如

8421 码、2421 码、余 3 码等，最常用的是 8421BCD 码。原因是 8421 这个排列符合二进制的数值排列：$2^3 = 8$，$2^2 = 4$，$2^1 = 2$，$2^0 = 1$。表 1-2 列出了十进制数和与其对应的 8421BCD 码。

表 1-2　十进制数与 8421BCD 码对照表

十进制数	8421BCD 码
0	0000
1	0001
2	0010
3	0011
4	0100
5	0101
6	0110
7	0111
8	1000
9	1001
10	0001 0000
11	0001 0001
12	0001 0010
13	0001 0011
14	0001 0100
15	0001 0101
16	0001 0110

在这里必须注意，对于十六进制中的 A~F，在二进制表示的 8421BCD 码中属于非法码，出现时需要进行加 6 调整。

8421BCD 码与二进制之间的转换较为简单，先将 BCD 码表示为十进制数后再转换为二进制数，反之亦然。例如：

（10011001）BCD = 99 = 01100011B

01011000B = 88 = （10001000）BCD

2. 字母和字符的编码

国际上普遍采用 ASCII（American Standard Code for Information Interchange），即美国标准信息交换代码，它是一种用于信息交换的美国标准代码，见附录 B。ASCII 字符集广泛用于代表标准美国键盘上的字符或符号。通过将这些字符使用的值标准化，ASCII 允许计算机和计算机程序交换信息。ASCII 字符集与 ANSI 字符集中的前面 128 个（0~127）字符相同。它有如下规则：

1）数字 0~9 比字母要小。如 "7"<"F"。

2）数字 0 比数字 9 要小，并按 0 到 9 顺序递增，如 "3"<"8"。

3）字母 A 比字母 Z 要小，并按 A 到 Z 顺序递增，如 "A"<"Z"。

4）同个字母的大写字母比小写字母要小，如 "A"<"a"。

项 目 小 结

1）数制之间的基数就是计数的单位，当十进制数转换成二进制、八进制、十六进制时，只需要除相应的基数；当后者要转换成十进制时，只需要每位按权取值后求和。

2）单片机运算时，利用补码运算规则将减法变成了加法。原码、反码、补码之间的变换原则是：根据真值获得原码，如果是正数，原码、反码与补码是相同的，只有是负数时才需要变换，即将原码符号位保持 "1"，其余位按位取反得到反码；反码加 1 得到补码。

练 习 一

一、填空题

1. 十进制数 255 用二进制表示是＿＿＿＿＿＿，用十六进制表示是＿＿＿＿＿＿。

2. 十进制数 127 用二进制表示是＿＿＿＿＿＿，用十六进制表示是＿＿＿＿＿＿。

3. +59 的原码是＿＿＿＿＿＿，−59 的补码是＿＿＿＿＿＿。

4. 十进制数 100 转换为二进制数是_____；十六进制数 100 转换为十进制数是_____。

5. 十进制数 40 转换为二进制数是_____；二进制数 10.10 转换为十进制数是_____。

6. 十进制数 99 用二进制表示是_____，用十六进制表示是_____。

二、判断题

（　　）1. 八进制数转换成十进制展开式：$(697.32)_8 = 6 \times 8^2 + 9 \times 8^1 + 7 \times 8^0 + 3 \times 8^{-1} + 2 \times 8^{-2}$。

（　　）2. 有符号正数的符号位是用 1 表示的。

三、计算题

1. 将下列二、八、十六进制数转换为十进制数。

（1）$(11010.101)_2$　　　　　　（2）$(11101111)_2$　　　　　　（3）$(13.71)_8$

（4）$(134.31)_8$　　　　　　（5）$(2A.E5)_{16}$　　　　　　（6）$(1FFFF)_{16}$

2. 将下列十进制数转换为二、八、十六进制数。

（1）97.3　　　　　　（2）240　　　　　　（3）127

3. 写出下列十进制数在八位机中的原码、反码和补码。

（1）+72　　　　　　（2）-126　　　　　　（3）-53

4. 将下列十进制数转换为 8421BCD 码。

（1）37　　　　　　（2）826　　　　　　（3）1459

项目2 单片机系统设计

 **学习要求**

1) 了解 AT89S51 单片机的结构。
2) 了解 STC12C5A60S2 单片机的结构。
3) 掌握单片机最小应用系统设计。
4) 掌握 Proteus 的电路设计。
5) 能够进行单片机系统设计。
6) 能够验证系统设计。
7) 强化持续学习和自我提升的意识。

 **知识点**

1) AT89S51 单片机的内部结构。
2) STC12C5A60S2 单片机的内部结构。
3) 单片机的典型电路。
4) 仿真软件的使用。

任务 1　单片机开发板电路设计

 **任务要求**

设计一块单片机开发板，要求包含 8 个 LED（发光二极管）、4 位数码管、1 个蜂鸣器、1 个下载接口和 USB 的电源接口。

 **要点分析**

根据单片机并行口的特点，正确分配 LED、数码管、蜂鸣器的接入，掌握 ISP 下载接口的接入方法，选择合适的电源接口。

 **学习要点**

2.1.1　单片机初步介绍

所谓单片机，就是将中央处理器（CPU）、随机读写存储器（RAM）、只读存储器（ROM 或 EPROM、EEPROM）、特殊功能寄存器（SFR）、定时器/计数器和各种输入/输出（I/O）接口电路以及相互连接的总线（BUS）等集成在一块芯片上，形成的芯片级计算机，又称为单片微型计算机。单片机广泛应用于航空航天、工业控制、生产生活各领域，如我国自研的中国高铁运行控制系统、北斗卫星导航系统，都离不开单片机控制技术的应用。

本任务以两块 51 芯片来讲解，一块是经典的 AT89S51，一块是目前使用较多的 STC12C5A60S2。

1. AT89S51 单片机

AT89S51 单片机基本结构框图如图 2-1 所示。

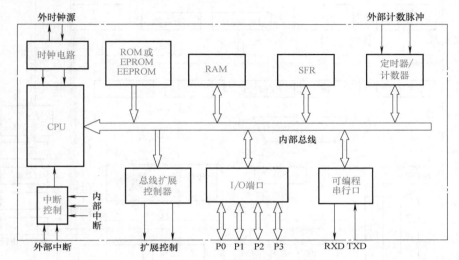

图 2-1　AT89S51 单片机基本结构框图

它将通用 CPU 和在线可编程 Flash 存储器集成在一个芯片上，形成功能强大、使用灵活和具有较高性能价格比的单片微机，其主要特性及功能如下：

- 内含 8 位 CPU。
- 内含 4KB 在系统可编程（ISP）Flash 闪速存储器。
- 具有 1000 次擦写周期。
- 电源电压范围为 DC 4.0~5.5V。
- 静态工作模式频率范围为：0~33MHz。
- 内含 128×8bit 的 RAM。
- 具有 4 个 8 位并行 I/O 端口，共 32 根线。
- 具有两个 16 位可编程定时器/计数器。
- 具有 6 个中断源，5 个中断矢量，2 级中断优先级的中断结构系统。
- 具有全双工串行通信口。
- 具有片内看门狗定时器。
- 具有双数据指针 DPTR0 和 DPTR1。
- 具有 ISP 端口。
- 具有断电标志 POF。
- 具有掉电状态下的中断恢复模式。
- 具有低功耗节电运行模式。

AT89S51 单片机内部结构框图如图 2-2 所示。

单片机内部最核心的部分是 CPU，其主要功能是产生各种控制信号，利用各种特殊功能寄存器设置控制字及反映控制状态，从而控制存储器、输入/输出端口进行数据传送、数

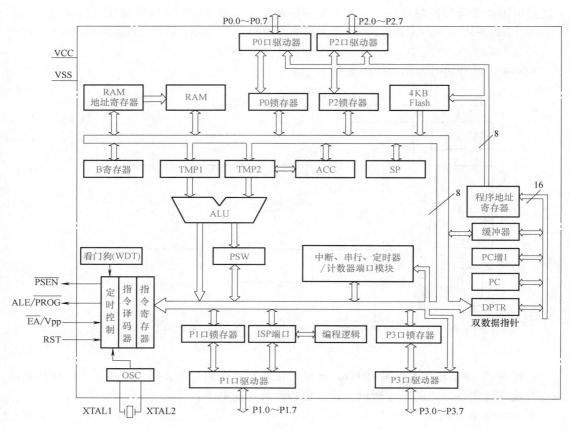

图 2-2　AT89S51 单片机内部结构框图

据算术及逻辑运算和位操作处理等。单片机的 CPU 从功能上可分为控制器和运算器两部分。

（1）控制器　控制器由定时控制逻辑模块、时序电路、指令译码器、指令寄存器、程序计数器（PC）、双数据指针 DPTR0、DPTR1 及转移逻辑电路等组成。控制器是单片机的指挥中心，是发布操作命令的机构。它的功能是取出程序存储器的程序指令进行译码，通过定时控制电路，按照规定的时间顺序发出各种操作所需的全部对内、对外控制信号，使各部件协调工作，完成程序指令所规定的功能。

1）定时控制逻辑模块。该逻辑模块可对外部扩展的部件发出地址锁存允许信号 ALE，对片外程序存储器发出读选通信号 $\overline{\text{PSEN}}$，接受复位信号 RST，接受确定访问片内或片外程序存储器的控制信号 $\overline{\text{EA}}$ 的输入控制等。

2）时序电路。由外接的石英晶振与内部反相放大器构成工作主频振荡电路（OSC）。每 12 个振荡周期形成一个机器周期，以机器周期为单位，CPU 进行取指令或读写数据时执行时序控制。

3）指令译码器。指令译码器用于对存入指令寄存器中的指令进行译码，再经定时控制电路定时产生执行该指令所需要的各种控制信号。

4）指令寄存器。它是一个 8 位寄存器，用于暂时存放待执行的指令，等待译码，以确定相应功能的操作控制。

5）程序计数器（PC）。PC 是一个 16 位的不可寻址专用寄存器，用作程序存储器的地址指针，每次仅存放下一条指令的地址。当 CPU 读取指令时，PC 的内容送往地址总线上，根据地址编码从程序存储器中取出指令代码后，PC 中的数据具有自动加一功能，指向下一个地址的另一条指令，以保证程序按顺序执行。

6）数据指针 DPTR。数据指针 DPTR 是由两个 8 位特殊功能寄存器 DPH 和 DPL 组合为 16 位的专用寄存器，用作外扩展程序存储器和数据存储器的地址指针，仅能采用间接访问方式读写存储器。AT89S51 单片机内设两个 DPTR，分别为 DPTR0 和 DPTR1，使用方法将在下面介绍。

（2）运算器　AT89S51 单片机运算器包括算术/逻辑运算部件 ALU，累加器 A（在使用位寻址时表示为 ACC），寄存器 B，暂存器 TMP1、TMP2，程序状态寄存器 PSW，堆栈指针 SP，布尔处理器等。运算器的主要功能是实现数据的算术和逻辑运算、十进制数调整、位变量处理及数据传送操作等。

1）算术/逻辑运算部件 ALU。ALU 是由 8 位加法器和其他逻辑电路（如移位电路、控制门电路等）组成的。在程序指令译码后产生的控制信号作用下，以累加器 A 的内容作为一个操作数，由暂存器 TMP2 送入 ALU，而另一个操作数由暂存器 TMP1 送入 ALU，有时，还包括程序状态寄存器 PSW 送来的进位（借位）标志 CY 等。在 ALU 中完成各种算术或逻辑运算后，运算结果暂时存于累加器 A 中，再由 A 通过内部总线传送到其他寄存器或存储器单元中，同时将运算结果的状态送入程序状态寄存器 PSW 中保存。

2）累加器 A、寄存器 B。AT89S51 单片机的累加器 A 既是操作数寄存器，又是结果寄存器。它有两种功能：一是作 ALU 的一个操作数；二是用于存放 ALU 的运算结果。当单片机 CPU 与片外存储器之间传送数据信息时，必须通过累加器 A 才能进行，所以称累加器 A 是字节累加器。寄存器 B 是一个 8 位特殊功能寄存器，在乘法和除法指令操作中配合累加器 A 一起使用。

3）程序状态寄存器 PSW。PSW 是一个 8 位的特殊功能寄存器，用于保存当前指令执行后的有关状态，为后面的程序指令执行提供状态转向条件。PSW 的字节地址为 0D0H。PSW 是可编程寄存器，它可以采用字节直接寻址方式，也可采用位寻址方式，通过软件可以改变 PSW 中的各位状态标志。许多指令的执行结果将影响 PSW 相关的状态标志。PSW 各位状态标志定义如下：

D7	D6	D5	D4	D3	D2	D1	D0
CY	AC	F0	RS1	RS0	OV	—	P

CY（PSW.7）：保存当前指令运算结果产生的进位（或借位），CY = 1 表示有进位（或借位），CY = 0 表示无进位（或借位）。在位处理指令中作为位累加器用。

AC（PSW.6）：辅助进位标志，又称之为半字节进位标志，若运算结果累加器 A 中的 D3 位向 D4 位有进位，则 AC = 1，否则 AC = 0。常用于十进制调整。

F0（PSW.5）：用户自定义的状态标志位，可由编程者根据实际需要通过软件进行设置或测控。

RS1（PSW.4）、RS0（PSW.3）：用于选择片内 RAM 区的工作寄存器组，工作寄存器组共有 4 组，分别是 00、01、10、11，每组均有 R0～R7 共 8 个 8 位工作寄存器。单片机运行时，只能有一组工作寄存器投入工作，其余三组只能作为普通的 RAM 存储器单元使用。

OV（PSW.2）：溢出标志位。当运算结果数值的绝对值超过允许表示的最大值时，就会产生所谓的"溢出"。溢出标志位主要用于有符号数运算的溢出检测判断。当两个有符号数进行运算时，次高位 D6 产生向最高位 D7 进位（借位），而最高位 D7 不产生进位（借位），或 D6 不产生进位（借位），而 D7 产生进位（借位）时，则 OV = 1，有溢出；否则 OV = 0，无溢出。

—（PSW.1）：保留位，暂无定义。

P（PSW.0）：奇偶校验标志位。根据运算结果累加器 A 中"1"的奇偶性来确定取值，当"1"的个数为奇数时 P = 1，偶数时 P = 0。

4）堆栈指针 SP。SP 是一个 8 位的特殊功能寄存器，它作为堆栈指针总是指向栈顶。AT89S51 单片机在片内 RAM 区中开辟某一个地址连续区域作为堆栈，理论上堆栈可以位于 RAM128B 的任何单元。但由于系统在复位有效时，堆栈指针 SP 的初始值为 07H，这显然与工作寄存器区域重叠，因此必须通过软件重新定义 SP，一般情况下在片内 RAM 的 30H 单元开始建立栈区。

5）其他功能部件。如 P0～P3 端口（后面均简称 P0 口、P1 口、P2 口、P3 口）、ISP 端口、看门狗、中断、定时器/计数器、RAM 和 Flash 等功能模块，将在后面的项目中讨论。

2. STC12C5A60S2 单片机

STC12C5A60S2 单片机是单时钟/机器周期（1T，12 分频）的单片机，是高速、低功耗、超强抗干扰的新一代 8051 单片机，指令代码完全兼容传统 8051，但速度快 8～12 倍。内部集成 MAX810 专用复位电路，两路 PWM，8 路高速 10 位 A-D 转换（25 万次/秒），针对电动机控制、强干扰场合。

其主要特性及功能如下：

- 采用增强型 8051CPU，单时钟/机器周期为 1T，指令代码完全兼容传统 8051。
- 工作电压：3.5～5.5V（5V 单片机）。
- 工作频率范围：0～35MHz。
- 用户应用程序空间：8KB/16KB/20KB/32KB/40KB/48KB/52KB/60KB/62KB。
- 片上集成 1280BRAM。
- 具有通用 I/O 端口（36/40/44 个）。
- 可实现 ISP（在系统可编程）/IAP（在应用可编程）。
- 具有 EEPROM 功能。
- 具有看门狗电路。
- 内部集成 MAX810 专用复位电路。
- 具有外部掉电检测电路。
- 时钟源：常温下内部 RC 振荡器频率为 11～17MHz。
- 具有 4 个 16 位定时器。
- 具有 3 个时钟输出口。
- 具有 7 路外部中断 I/O 端口。
- 具有 PWM（2 路）/PCA（可编程计数器阵列，2 路）。
- 可以 A-D 转换。

- 具有通用全双工异步串行口（UART）。
- 工作温度范围为-40~85℃（工业级)/0~75℃（商业级)。

STC12C5A60S2 单片机内部结构框图如图 2-3 所示。

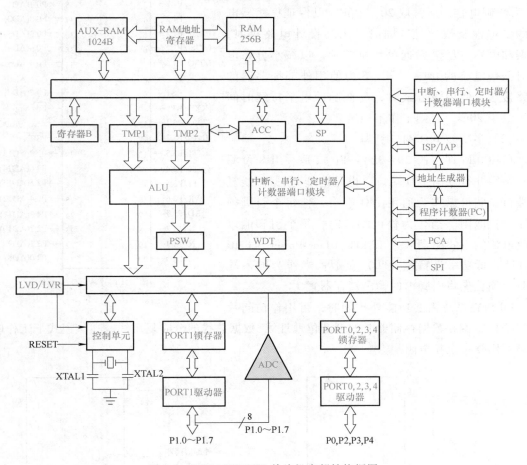

图 2-3 STC12C5A60S2 单片机内部结构框图

由于 STC12C5A60S2 单片机的基本结构与传统 8051 相似，所以不再重复叙述，图 2-3 中区别于传统 8051 的 ADC 功能会在后面的项目详细讲解。

2.1.2 单片机引脚排列

1. AT89S51

AT89S51 单片机有 3 种不同的封装，即 PDIP（Plastic Dual In-line Package，塑料双列直插式封装）、PLCC（Plastic Leaded Chip Carrier）封装和 TQFP（Thin Quad Flat Package，薄塑封四角扁平封装），其有效引脚为 40 条，现以 PDIP（塑料双列直插式封装）为例简述各引脚功能。AT89S51 的 PDIP 如图 2-4 所示。

（1）主电源引脚

1）VCC（引脚 40）：直流电源供电电压为 4.0~5.5V，作为工作电源和编程校验。

2）VSS（GND，引脚 20）：电源负极（接共地端）。

（2）振荡器电器外接晶振引脚 XTAL1（引脚19）、XTAL2（引脚18）：当使用片内振荡器时，振荡频率为晶振频率，电路接法如图 2-5 所示。C1、C2 为微调电容，通常取 20~30pF，以保证振荡器电路的稳定性及快速性，同时要求在设计电路板时，晶振和电容应尽量靠近单片机芯片，以减小分布电容对振荡电路的影响。图 2-6 为使用外部振荡器的电路接法，使用该方式时，高低脉冲电平持续时间应不短于 20ns，否则工作不稳定。

（3）多功能 I/O 端口引脚

1）P0 口（引脚 39~32）：P0 口是一组 8 位漏极开路型并行双向 I/O 端口，也是地址/数据总线复用端口。它可以作为通用 I/O 端口，但每个引脚须外接上拉电阻。当作为输出端口时，每个引脚能以吸收电流的方式驱动 8 个 LSTTL（Low-Power Schottky TTL，低功率肖特基 TTL）负载；当作为输入端口时，须首先将引脚内的输出锁存器置 1。

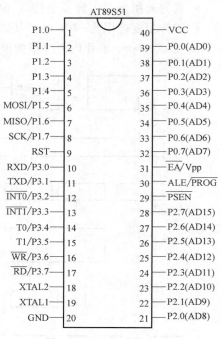

图 2-4　AT89S51 的 PDIP

P0 口在系统需要功能外扩展时，可用作访问片外程序存储器和数据存储器时的低 8 位地址线/数据总线的分时复用线，在该模式下工作时，引脚不用外接上拉电阻。

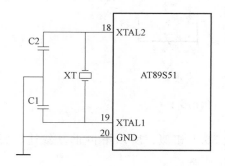

图 2-5　使用片内振荡器的电路接法

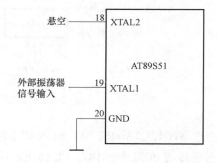

图 2-6　使用外部振荡器的电路接法

在 Flash 存储器编程时，P0 口接收程序代码字节数据输入；在编程校验时，P0 口输出代码字节数据，此时引脚需要外接上拉电阻。

2）P1 口（引脚 1~8）：P1 口是一个带内部上拉电阻的 8 位并行双向 I/O 端口，在单片机正常工作时，P1 口默认为高电平状态。它可作为通用 I/O 端口，当作为输出端口时，每个引脚可驱动 4 个 LSTTL 负载；当作为输入端口时，须首先将引脚内的输出锁存器置 1。因为其内部存在上拉电阻，某个引脚被外部信号拉低时会输出电流。

在 Flash 并行编程和校验时，P1 口可输入低字节地址信息。在串行编程和校验时，使用 P1 口的第二功能，见表 2-1。

表 2-1 P1 口的第二功能

端口引脚	第二功能	第二功能作用
P1.5(引脚 6)	MOSI	串行指令输入(用于 ISP)
P1.6(引脚 7)	MISO	串行数据输出(用于 ISP)
P1.7(引脚 8)	SCK	串行移位脉冲控制端(用于 ISP)

3）P2 口（引脚 21~28）：P2 口是一个带内部上拉电阻的 8 位并行双向 I/O 端口，在单片机正常工作时，P2 口默认为高电平状态。它可作为通用 I/O 端口，当作为输出端口时，每个引脚可驱动 4 个 LSTTL 负载；当作为输入端口时，须首先将引脚内的输出锁存器置 1。作为普通 I/O 端口时，其功能与 P1 口相同。

P2 口在访问片外程序存储器或 16 位地址的片外数据存储器时，可以用作高 8 位地址总线。

在 Flash 存储器并行编程和校验时，P2 口可输入高字节地址信息，P2.6、P2.7 作控制位。

4）P3 口（引脚 10~17）：P3 口是一个带内部上拉电阻的 8 位并行双向 I/O 端口，在单片机正常工作时，P3 口默认为高电平状态。它可以作为通用 I/O 端口，当作为输出端口时，每个引脚可驱动 4 个 LSTTL 负载；当作为输入端口时，须首先将引脚内的输出锁存器置 1。作为普通 I/O 端口时，其功能与 P1、P2 口相同。

在 Flash 存储器编程和校验时，P3.3、P3.6、P3.7 可作控制位。

P3 口除了作为一般的 I/O 端口外，更重要的用途是它的第二功能，见表 2-2。

表 2-2 P3 口各引脚第二功能

端口引脚	第二功能	第二功能信号名称
P3.0	RXD	串行口数据接收端
P3.1	TXD	串行口数据发送端
P3.2	$\overline{INT0}$	外部中断 0 信号输入端
P3.3	$\overline{INT1}$	外部中断 1 信号输入端
P3.4	T0	定时器/计数器 0 外部计数脉冲输入端
P3.5	T1	定时器/计数器 1 外部计数脉冲输入端
P3.6	$\overline{WR}$	片外数据存储器的写选通
P3.7	$\overline{RD}$	片外数据存储器的读选通

（4）复位、控制和选通引脚

1）RST（引脚 9）：单片机复位信号输入端，高电平有效。单片机上电后，在振荡器稳定有效运行的情况下，若 RST 引脚能维持两个机器周期（24 个振荡周期）以上的高电平，则可使单片机系统复位有效（复位有效时，片内各特殊功能寄存器状态参见表 2-10）。当看门狗定时器 WDT 溢出输出时，RST 引脚将输出长达 98 个振荡周期的高电平。

2）ALE/$\overline{PROG}$（引脚 30）：地址锁存允许/编程脉冲信号端，双功能引脚。当 CPU 访问片外程序存储器或片外数据存储器时，该引脚提供一个 ALE 地址锁存允许信号（由正向负跳变），将低 8 位地址信息锁存在片外的地址锁存器中。

此引脚的第二功能 $\overline{\text{PROG}}$ 是对片内带有可编程的 ROM 的单片机编程写入（固化程序）时，作为编程脉冲的输入端。除上述两种情况外，在正常操作状态下，该引脚输出恒定频率的脉冲，其频率为晶振频率的 1/6，可用作外部时钟信号以及外部定时信号。

应当注意的是，CPU 每次访问片外 RAM 时，即执行 MOVX 类指令时，都要丢失一个 ALE 脉冲。如果需要，可对特殊功能寄存器区的地址为 8EH 单元的第 0 位置 1，则可以禁止 ALE 操作输出，但在使用 MOVC 或 MOVX 指令时，ALE 仍然有效，禁止位不影响对片外存储器的访问。

3）$\overline{\text{PSEN}}$（引脚 29）：片外程序存储器 ROM 的读选通信号输出端。当单片机访问片外程序存储器读取及执行指令代码时，在每个机器周期均产生两次有效的 $\overline{\text{PSEN}}$ 信号，但在访问片内程序存储器读取及执行指令代码时不产生 $\overline{\text{PSEN}}$ 信号。在读写片内 RAM 单元的数据时，亦不产生 $\overline{\text{PSEN}}$ 信号。

4）$\overline{\text{EA}}$/Vpp（引脚 31）：双功能引脚，是访问片内或片外程序存储器的控制信号端，当 $\overline{\text{EA}}$ 接地（低电平）时，CPU 只执行片外程序存储器中的程序；当 $\overline{\text{EA}}$ 接 VCC（高电平）时，CPU 首先执行片内 4KB 程序存储器中的程序（地址单元从 0000H~0FFFH），当地址范围超出 4KB 时，自动转向执行片外程序存储器中的程序（地址单元从 1000H~FFFFH）。

Vpp 为片内 Flash 存储器并行编程时的编程电压，一般用 DC 12V 加入该引脚。

2. STC12C5A60S2

STC12C5A60S2 单片机有 5 种不同的封装形式，即 LQFP-48、LQFP-44、PDIP-40、PL-CC-44 和 QFN-40，其有效引脚根据封装形式不同有所不同。现以 LQFP-44 为例简述各引脚功能，见表 2-3。

表 2-3 STC12C5A60S2 单片机引脚说明

引　　脚	引脚编号		说　　明
P0.0~P0.7	37~30		P0 口既可以作为输入/输出口，也可作为地址/数据复用总线使用。当 P0 口作为输入/输出口时，P0 口是一个 8 位准双向口，内部有弱上拉电阻，无需外接上拉电阻。当 P0 口作为地址/数据复用总线使用时，是低 8 位地址线 [A0~A7]，数据线 [D0~D7]
P1.0/ADC0/CLKOUT2	40	P1.0	标准 I/O 口 PORT1[0]
		ADC0	ADC 输入通道 0
		CLKOUT2	独立波特率发生器的时钟输出 可通过设置 WAKE_CLKO[2]位/BRTCLKO 将该引脚配置为 CLKOUT2
P1.1/ADC1	41	P1.1	标准 I/O 口 PORT1[1]
		ADC1	ADC 输入通道 1
P1.2/ADC2/ECI/RXD2	42	P1.2	标准 I/O 口 PORT1[2]
		ADC2	ADC 输入通道 2
		ECI	PCA 的外部脉冲输入引脚
		RXD2	第二串行口数据接收端

（续）

引　脚	引脚编号	说　明	
P1.3/ADC3/CCP0/TXD2	43	P1.3	标准 I/O 口 PORT1[3]
		ADC3	ADC 输入通道 3
		CCP0	外部信号捕获（频率测量或当外部中断使用）、高速脉冲输出及脉宽调制输出
		TXD2	第二串行口数据发送端
P1.4/ADC4/CCP1/$\overline{\text{SS}}$	44	P1.4	标准 I/O 口 PORT1[4]
		ADC4	ADC 输入通道 4
		CCP1	外部信号捕获（频率测量或当外部中断使用）、高速脉冲输出及脉宽调制输出
		$\overline{\text{SS}}$	SPI 同步串行口的从机选择信号
P1.5/ADC5/MOSI	1	P1.5	标准 I/O 口 PORT1[5]
		ADC5	ADC 输入通道 5
		MOSI	SPI 同步串行口的主出从入
P1.6/ADC6/MISO	2	P1.6	标准 I/O 口 PORT1[6]
		ADC6	ADC 输入通道 6
		MISO	SPI 同步串行口的主入从出
P1.7/ADC7/SCLK	3	P1.7	标准 I/O 口 PORT1[7]
		ADC7	ADC 输入通道 7
		SCLK	SPI 同步串行口的时钟信号
P2.0~P2.7	18~25	P2 口内部有上拉电阻，既可作为输入/输出口，也可作为高 8 位地址总线使用（A8~A15） 当 P2 口作为输入/输出口时，P2 是一个 8 位准双向口	
P3.0/RXD	5	P3.0	标准 I/O 口 PORT3[0]
		RXD	串行口 1 数据接收端
P3.1/TXD	7	P3.1	标准 I/O 口 PORT3[1]
		TXD	串行口 1 数据发送端
P3.2/$\overline{\text{INT0}}$	8	P3.2	标准 I/O 口 PORT3[2]
		$\overline{\text{INT0}}$	外部中断 0，下降沿中断或低电平中断
P3.3/$\overline{\text{INT1}}$	9	P3.3	标准 I/O 口 PORT3[3]
		$\overline{\text{INT1}}$	外部中断 1，下降沿中断或低电平中断
P3.4/T0/$\overline{\text{INT}}$/CLKOUT0	10	P3.4	标准 I/O 口 PORT3[4]
		T0	定时器/计数器 0 的外部输入
		$\overline{\text{INT}}$	定时器 0 下降沿中断
		CLKOUT0	定时器/计数器 0 的时钟输出 可通过设置 WAKE_CLKO[0]位/T0CLKO 将该引脚配置为 CLKOUT0
P3.5/T1/$\overline{\text{INT}}$/CLKOUT1	11	P3.5	标准 I/O 口 PORT3[5]
		T1	定时器/计数器 1 的外部输入

（续）

引　脚	引脚编号	说　明	
P3.5/T1/$\overline{INT}$/CLKOUT1	11	$\overline{INT}$	定时器1下降沿中断
		CLKOUT1	定时器/计数器1的时钟输出 可通过设置WAKE_CLKO[1]位/T1CLKO将该引脚配置为CLKOUT1
P3.6/$\overline{WR}$	12	P3.6	标准I/O口PORT3[6]
		$\overline{WR}$	片外数据存储器写脉冲
P3.7/$\overline{RD}$	13	P3.7	标准I/O口PORT3[7]
		$\overline{RD}$	片外数据存储器读脉冲
P4.0/$\overline{SS}$	17	P4.0	标准I/O口PORT4[0]
		$\overline{SS}$	SPI同步串行口的从机选择信号
P4.1/ECI/MOSI	28	P4.1	标准I/O口PORT4[1]
		ECI	PCA的外部脉冲输入脚
		MOSI	SPI同步串行口的主出从入
P4.2/CCP0/MISO	39	P4.2	标准I/O口PORT4[2]
		CCP0	外部信号捕获(频率测量或当外部中断使用)、高速脉冲输出及脉宽调制输出
		MISO	SPI同步串行口的主入从出
P4.3/CCP1/SCLK	6	P4.3	标准I/O口PORT4[3]
		CCP1	外部信号捕获(频率测量或当外部中断使用)、高速脉冲输出及脉宽调制输出
		SCLK	SPI同步串行口的时钟信号
P4.4/NA	26	标准I/O口PORT4[4]	
P4.5/ALE	27	P4.5	标准I/O口PORT4[5]
		ALE	地址锁存允许
P4.6/EX_LVD/RST2	29	P4.6	标准I/O口PORT4[6]
		EX_LVD	外部低压检测中断/比较器
		RST2	第二复位功能引脚
P4.7/RST	4	P4.7	标准I/O口PORT4[7]
		RST	复位引脚
XTAL1	15	内部时钟电路反相放大器输入端,接外部晶振的一个引脚。当直接使用外部时钟源时,此引脚是外部时钟源的输入端	
XTAL2	14	内部时钟电路反相放大器的输出端,接外部晶振的另一端。当直接使用外部时钟源时,此引脚可浮空,此时XTAL2实际将XTAL1输入的时钟进行输出	
VCC	38	电源正极	
GND	16	电源负极,接地	

2.1.3 存储器与特殊功能寄存器

1. 程序存储器和数据存储器

单片机的程序存储器和数据存储器根据其应用特点而决定，大部分的单片机在存储器结构上通常采用哈佛型结构。AT89S51 单片机的存储器配置在物理结构上有 4 个存储空间：片内程序存储器、片外程序存储器、片内数据存储器和片外数据存储器；在逻辑结构上则有 3 个存储器地址空间：片内、外统一编址的 64KB 程序存储器地址空间，片内 128B 的数据存储器地址空间和片外 64KB 的数据存储器地址空间。指令系统采用不同形式的指令，产生不同的控制信号，访问这 3 个不同逻辑的存储器地址空间。图 2-7 所示为 AT89S51 单片机存储器的空间结构。

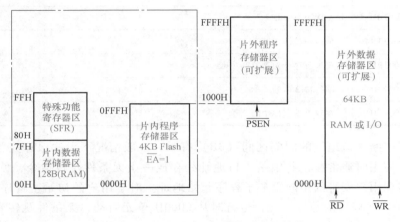

图 2-7 AT89S51 单片机存储器空间结构

但是，从 STC12C5A60S2 的引脚可以看出，因为没有外部访问使能信号端（$\overline{EA}$）和片外程序存储器读选通信号端（$\overline{PSEN}$），此单片机的所有程序存储器都是片上 Flash 存储器，不能访问片外程序存储器。其内部有 1280B 的 RAM，在物理和逻辑上都分为两个地址空间：内部 RAM（256B）和内部扩展 RAM（1024B）。另外，STC12C5A60S2 单片机还可以访问在片外扩展的 64KB 片外数据存储器。

1）程序存储器。程序存储器是只读存储器，专用于存放用户程序、数据和表格等信息。AT89S51 单片机片内有 4KB 的电可擦写的闪速 Flash 存储器，存储地址编码为 0000H～0FFFH。而 STC12C5A60S2 内部集成了 60KB 的 Flash 程序存储器。Flash 存储器擦写既快又方便，可随时在线进行编程，有永久记忆、停电不丢失存储数据的功能。AT89S51 单片机对外功能扩展时有 16 位地址总线（采用 P0 口作低 8 位地址总线，P2 口作高 8 位地址总线），寻址空间达 64KB，地址范围为 0000H～FFFFH。由于程序存储器地址空间片内、外统一编址，片内 Flash 存储器已占用了 4KB 单元，对外扩展程序存储器还有 60KB 的寻址空间，地址范围为 1000H～FFFFH，可以采用 MOVC 类指令访问，$\overline{PSEN}$ 为片外程序存储器的读选通信号，可根据实际应用的需要扩展程序存储器的容量。单片机的 $\overline{EA}$ 引脚必须接入 DC +5V 电源，使 CPU 从片内 0000H 单元开始取指令，当 PC 值超过 0FFFH 单元时，自动转到片外程序存储器地址空间执行程序。AT89S51 单片机的程序存储器中有 11 个特殊地址单元，见表 2-4，其中 10 个为中断源（灰色标示的为 STC12C5A60S2 中使用）。

表 2-4　特殊地址单元

中断源	地址	作　　用
—	0000H	单片机系统复位后，PC＝0000H，即程序从0000H单元开始执行
$\overline{INT0}$	0003H	外部中断0入口地址
T0	000BH	定时器/计数器0溢出中断入口地址
$\overline{INT1}$	0013H	外部中断1入口地址
T1	001BH	定时器/计数器1溢出中断入口地址
串行口	0023H	串行中断入口地址
ADC	002BH	A-D转换中断
LVD	0033H	低电压检测中断
PCA	003BH	可编程序计数器阵列中断
串行口2	0043H	串行口2中断
SPI	004BH	在线可编程序中断

由于相邻中断入口地址的间隔区间（8B）有限，一般情况下无法保存完整的中断服务程序，因此，使用时通常在这些中断入口地址处存放一条无条件跳转指令，使CPU响应中断时自动跳转到用户安排的中断服务子程序起始地址。对于用户的初始主程序入口处地址，通常确定在004BH以后的地址单元，运行时从0000H单元启动，无条件跳转到该入口处执行程序。

2）数据存储器。数据存储器用于存放运算中间结果、数据暂存和缓冲、标志位、待调试的程序代码等。以AT89S51单片机为例，数据存储器可分为两个地址空间：一个为片内128B的RAM区，另一个为片外最大可扩充64KB的RAM区，地址范围为0000H～FFFFH。两个地址空间各自有不同的访问指令，片内RAM区的地址范围是00H～FFH，用MOV类指令直接访问；片外的RAM区用MOVX类指令间接访问，$\overline{WR}/\overline{RD}$是片外RAM区的写/读控制信号，这些内容将在单片机的指令系统中介绍。

2. 片内数据存储器和特殊功能寄存器

AT89S51单片机片内RAM区地址空间为00H～FFH，可划分为两部分：00H～7FH为低128B地址（也称通用RAM区），并再划分为工作寄存器区、位寻址区和用户RAM区（数据缓冲堆栈区）三个区域；80H～FFH为高128B地址，为特殊功能寄存器（SFR）区域。片内RAM区地址分配如图2-8所示。

1）工作寄存器区。工作寄存器区（00H～1FH）共有32B，工作寄存器又称为通用寄存器，一般作为数据运算和传送时的暂存地址单元。工作寄存器划分有4个区（每个区称为一个寄存器组），每个区均有R0～R7八个工作寄存器，虽然名称相同，但4个寄存器组属于不同的物理空间。每个工作寄存器有8位，可以用寄存器的名称寻址，也可用直接字节地址方式寻址。当用寄存器名称寻址时，由程序状态寄存器PSW中的RS1和RS0两位组合确定工作寄存器区，见表2-5。

四个区的工作寄存器组均可选作为CPU当前用的工作寄存器，通过程序状态寄存器

PSW 中的 RS0、RS1 两位的数据来设置，但每次只允许其中一组被选中。CPU 复位有效时，自动选中第 0 区的工作寄存器组，其余三个区的工作寄存器组仅能作为普通 RAM 单元使用。单片机的指令系统中有很多针对工作寄存器的专用指令，指令代码多为单字节，单机器周期就可完成，使之执行速度快、占用存储单元少、使用方便而且工作效率高。

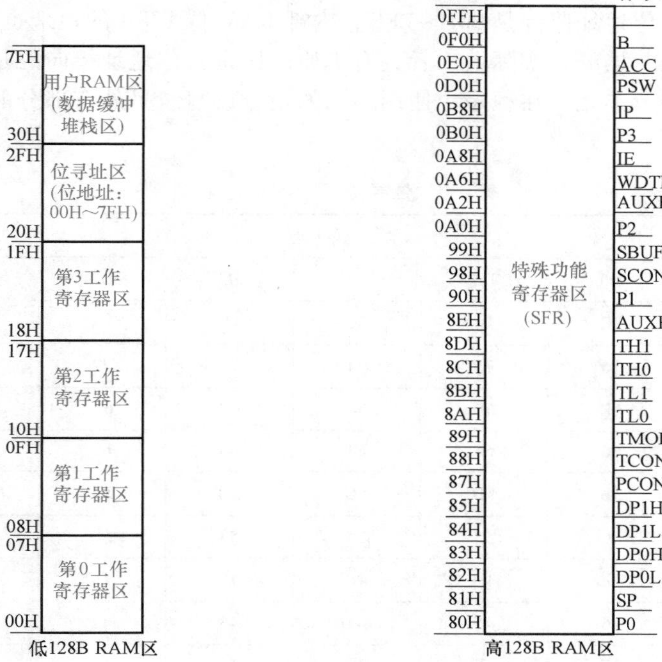

图 2-8　片内 RAM 区地址分配图

表 2-5　工作寄存器

RS1 RS0	区号	寄存器名	字节地址	RS1 RS0	区号	寄存器名	字节地址
00	0 区	R0	00H	10	2 区	R0	10H
		R1	01H			R1	11H
		R2	02H			R2	12H
		R3	03H			R3	13H
		R4	04H			R4	14H
		R5	05H			R5	15H
		R6	06H			R6	16H
		R7	07H			R7	17H
01	1 区	R0	08H	11	3 区	R0	18H
		R1	09H			R1	19H
		R2	0AH			R2	1AH
		R3	0BH			R3	1BH
		R4	0CH			R4	1CH
		R5	0DH			R5	1DH
		R6	0EH			R6	1EH
		R7	0FH			R7	1FH

2）位寻址区。位寻址区中的位地址见表 2-6。位寻址区（20H～2FH）有 16B 地址单元，共 128bit。该区域既可以像普通 RAM 单元一样按字节直接寻址方式访问，也可以对单元中的任何一位单独存取。128bit 的每一位都有一个单独的位地址编码（00H～7FH），这些位存储单元可以构成布尔处理器，能对位地址直接寻址，执行置位、清零、取反、为 0 跳转或为 1 跳转等操作，能实现复杂的组合逻辑功能。通常把各种程序状态标志、位控制变量都设置在位寻址区内。位地址范围是 00H～7FH，内部 RAM 低 128B 的地址也是 00H～7FH，从外表看，二者地址是一样的，实际上二者具有本质的区别：位地址指向的是一个位，而字节地址指向的是一个字节单元，在程序中使用不同的指令读写。另外有部分的特殊功能寄存器也具有位寻址功能。

表 2-6　位寻址区中的位地址

字节地址	位　地　址							
	D7	D6	D5	D4	D3	D2	D1	D0
2FH	7F	7E	7D	7C	7B	7A	79	78
2EH	77	76	75	74	73	72	71	70
2DH	6F	6E	6D	6C	6B	6A	69	68
2CH	67	66	65	64	63	62	61	60
2BH	5F	5E	5D	5C	5B	5A	59	58
2AH	57	56	55	54	53	52	51	50
29H	4F	4E	4D	4C	4B	4A	49	48
28H	47	46	45	44	43	42	41	40
27H	3F	3E	3D	3C	3B	3A	39	38
26H	37	36	35	34	33	32	31	30
25H	2F	2E	2D	2C	2B	2A	29	28
24H	27	26	25	24	23	22	21	20
23H	1F	1E	1D	1C	1B	1A	19	18
22H	17	16	15	14	13	12	11	10
21H	0F	0E	0D	0C	0B	0A	09	08
20H	07	06	05	04	03	02	01	00

3）用户 RAM 区。把字节地址 30H～7FH 作为普通的 RAM 单元和堆栈区（对堆栈区访问需要一个 8bit 的堆栈指针 SP）。用户 RAM 区一般用于数据的暂存、缓冲区域，CPU 对这一空间只能进行字节直接寻址，不能采用位寻址。在实际应用的程序设计时，往往需要一个先进后出的 RAM 区，用以保存 CPU 的现场数据，这种先进后出的缓冲器区域被称为堆栈。堆栈原则上可以设在片内 RAM 的任意区域，但为了不出现功能设置在地址上的重叠现象，堆栈一般设在 30H～7FH 的范围内，栈顶的位置由堆栈指针 SP 控制。SP 在复位后的值为 07H，显然，它指向了第 0 工作寄存器区中的 R7，与工作寄存器区重叠，因此，用户初始化程序都应对 SP 设置初值，一般设置在 80H 以后的单元为宜。

4）特殊功能寄存器（SFR）。特殊功能寄存器位地址见表 2-7。单片机内部的 I/O 端口锁存器、定时器/计数器、串行口的控制字、中断控制的设置、堆栈指针及数据指针的设置、运算的结果、状态等都是通过特殊功能寄存器来实现的。AT89S51 单片机片内共有 26 个特殊功能寄存器，被离散地设置在 80H～FFH 地址空间内。128B 单元仅用了 26 个，大部分是空的暂没有定义，对这部分地址单元访问无效。特殊功能寄存器按字节操作时，仅可用直接寻址方式，不管是使用寄存器符号，或是使用寄存器的字节地址，均为直接寻址方式，不能视为寄存器寻址方式。在 26 个特殊功能寄存器中，字节地址凡能被 8 整除的，即字节地址的尾数为 8 或 0 的，具有位寻址操作功能。AT89S51 单片机共有 11 个寄存器除能字节寻址外，还能位寻址。

表 2-7 特殊功能寄存器位地址

字节地址	位　地　址								寄存器符号
0FFH									
0F0H	F7	F6	F5	F4	F3	F2	F1	F0	B
0E0H	E7	E6	E5	E4	E3	E2	E1	E0	ACC
0D0H	D7	D6	D5	D4	D3	D2	D1	D0	PSW
	CY	AC	F0	RS1	RS0	OV	—	P	
0C0H	C7	C6	C5	C4	C3	C2	C1	C0	P4
0B8H	BF	BE	BD	BC	BB	BA	B9	B8	IP
	—	—	—	PS	PT1	PX1	PT0	PX0	
0B0H	B7	B6	B5	B4	B3	B2	B1	B0	P3
0A8H	AF	AE	AD	AC	AB	AA	A9	A8	IE
	EA	—	—	ES	ET1	EX1	ET0	EX0	
0A0H	A7	A6	A5	A4	A3	A2	A1	A0	P2
98H	9F	9E	9D	9C	9B	9A	99	98	SCON
	SM0	SM1	SM2	REN	TB8	RB8	TI	RI	
90H	97	96	95	94	93	92	91	90	P1
88H	8F	8E	8D	8C	8B	8A	89	88	TCON
	TF1	TR1	TF0	TR0	IE1	IT1	IE0	IT0	
80H	87	86	85	84	83	82	81	80	P0

注：1. 寄存器地址能够被 8 整除的可以进行位操作，以累加器为例，即可以用 ACC. x 表示位，x 范围为 0～7。

  2. 表中灰色部分 STC12C5A60S2 才有，AT89S51 没有。

5）内部扩展 RAM。STC12C5A60S2 单片机片内除了集成 256B 的内部 RAM 外，还集成了 1024B 的内部扩展 RAM，地址范围是 0000H～03FFH。访问内部扩展 RAM 的方法和传统 8051 单片机访问外部扩展 RAM 的方法相同，但是不影响 P0 口、P2 口、P3.6、P3.7 和 ALE。在汇编语言中，内部扩展 RAM 通过 MOVX 指令访问，即使用 "MOVX @ DPTR" 或者 "MOVX @ Ri" 指令访问。在 C 语言中，可使用 xdata 声明存储类型即可，如 "unsigned char xdata i = 0;"。STC12C5A60S2 单片机内部扩展地址分配如图 2-9 所示。

是否可以访问单片机内部扩展 RAM 受到辅助寄存器 AUXR（地址为 8EH）中的 EX-TRAM 位控制（在 AT89S51 单片机使用时只定义了 D4、D3、D0 位）。AUXR 各位如下：

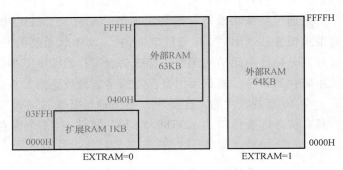

图 2-9　STC12C5A60S2 单片机内部扩展地址分配

D7	D6	D5	D4	D3	D2	D1	D0
T0x12	T1x12	UART_ M0X6	BRTR	S2SM0D	BRTx12	EXTRAM	S1BRS

EXTRAM：Internal/External RAM access（内部扩展/外部 RAM 存取）；取 0 时，为片内扩展 RAM 存取；为 1 时，为片外 RAM 存取。

当 EXTRAM＝1 时，禁止访问片内扩展 RAM，此时"MOVX @ DPTR"或"MOVX @ Ri"的使用与传统 8051 单片机相同。

2.1.4　单片机的并行口

对于单片机，我们最常用的就是并行口，前面提到 AT89S51 有 4 个 8 位的并行双向 I/O 口（I/O 端口，简称 I/O 口），共 32 位 I/O 线；STC12C5A60S2 单片机有 5 个 8 位的并行双向 I/O 口，共 40 位 I/O 线。

单片机每一位 I/O 线均由自身的输出锁存器、输出驱动器和输入缓冲器组成。I/O 口分别用特殊功能寄存器 Px 命名（x 为 0~3 或 0~4），利用这 5 个（AT89S51 只有 4 个）口很方便地实现 CPU 与外部芯片及外部设备的信息数据交换。

在不需要外部功能扩展时，P0~P2 口均可作通用的并行 I/O 信息通道，P3、P4 口则可作 I/O 口或第二功能口用。在需外部功能扩展时，P0 口为地址/数据分时复用口，P2 口作高 8 位地址线用，由 P0 口和 P2 口组成 16 位地址总线，同时 P0 口又作为 8 位数据总线，P1 口仅能作为通用 I/O 口用，此时 P3 口不能作 I/O 口，仅作为第二功能口使用。首先来看看 AT89S51 单片机的 I/O 口。

1. AT89S51 单片机的 I/O 口结构

（1）P0 口　P0 口是具有双功能的真正双向并行端口，字节地址为 80H，位地址分别为 80H~87H。每一位 I/O 线具有完全相同但又相互独立的电路结构。P0 口位电路结构示意如图 2-10 所示。

P0 口每一位电路结构组成如下：

● 有 1 个输出锁存器，专用于锁存输出数据，即在输出新的数据之前，保持原有的数据。

● 有 2 个三态输入缓冲器，输入缓冲器 BUF1 用于读取输出锁存器的数据输入缓冲，输入缓冲器 BUF2 用于读取端口引脚数据的输入缓冲。

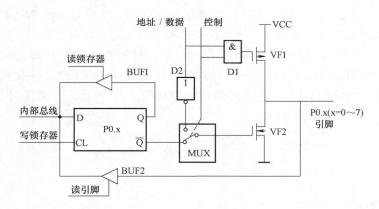

图 2-10 P0 口位电路结构示意图

- 有 1 个多路开关 MUX，用于实现锁存器的输出与地址/数据线之间的接通转换。
- 由场效应晶体管 VF1、VF2 组成数据输出驱动电路，可驱动 8 个 LSTTL 负载。

P0 口是一个具有高电平、低电平和高阻抗 3 种状态的端口，既可作通用 I/O 口，也可用作地址/数据分时复用口。

1）P0 口作通用输出口。当 P0 口作通用输出口使用时，由于输出电路是漏极开路电路，每一个引脚都必须外接上拉电阻。此时电路中的控制信号端为 0，使多路开关 MUX 接通输出锁存器的 $\overline{Q}$ 端，同时使得与门 D1 输出 0 信号，使 VF1 截止，输出电路形成漏极开路输出状态。对外输出数据时，CPU 执行指令使写脉冲加在输出锁存器 CL 端，数据从内部总线写入输出锁存器 D 端。数据为 1 时，输出锁存器 Q 端为 1，$\overline{Q}$ 端为 0，经 MUX 使 VF2 截止，外接的上拉电阻由于接上电源 VCC，使引脚端输出高电平；数据为 0 时，输出锁存器 Q 端为 0，$\overline{Q}$ 端为 1，VF2 饱和导通，使引脚端输出低电平。

2）P0 口作通用输入口。P0 口输入数据时，可区分为读锁存器和读引脚两种情况。单片机的控制器会根据执行指令的不同而自动选择相应的输入方式。当 CPU 发出读锁存器指令时，输出锁存器的 Q 端状态经 BUF1 进入内部总线，结构上这样安排是为了适应读、修改、写这类指令的需要；当 CPU 发出读引脚指令时，必须首先执行使输出锁存器的状态为 1 的指令，即输出锁存器的 $\overline{Q}$ 端为 0，使 VF1、VF2 管均截止，使外接的状态不受内部信号的影响，然后引脚的状态电平经 BUF2 进入内部总线。否则，若输出锁存器的状态为 0，VF2 饱和导通，引脚始终被钳位在低电平，使输入高电平无法读入，造成读入数据出现错误，而且由于大电流的灌入可能会损坏引脚驱动器。

3）P0 口作地址/数据分时复用口。单片机系统外部功能需要扩展时，P0 口可作为地址/数据分时复用口，即 P0 口既作低 8 位地址线，又作 8 位数据总线，每个引脚无须外接上拉电阻。当 P0 口作输出口时，此时电路中的控制信号端为 1，使多路开关 MUX 接通反相器 D2 的输出端，同时与门 D1 处于开启状态。若地址/数据信息输出 1，则 D1 输出端为 1，使 VF1 管饱和导通，VF2 输出端为 0，使 VF2 截止，P0 口该位引脚输出 1；反之，则 P0 口该位引脚输出 0，引脚输出状态随地址/数据信息变化而变化。当 P0 口作输入口时，从外部读入数据信息，CPU 自动使端口内输出锁存器均置 1 状态，此时电路中的控制信号端为 0，使

VF1 截止，同时使多路开关 MUX 接通输出锁存器的 $\overline{Q}$ 端，$\overline{Q}$ 端为 0 使 VF2 截止，从而保证外部数据在端口高阻抗状态下输入，直接由引脚经 BUF2 进入内部总线。

（2）P1 口　P1 口是单功能的 8 位并行 I/O 口，仅可作通用 I/O 口使用，字节地址为 90H，位地址为 90H～97H，既可以字节访问，也可以位访问。P1 口每一位均具有完全相同但又相互独立的电路结构，P1 口位电路结构示意如图 2-11 所示。在使用时，与 P0 口最大的不同在于 P1 口含内部上拉电阻。

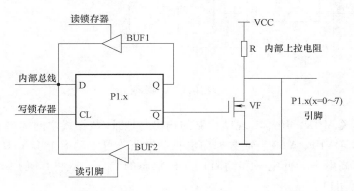

图 2-11　P1 口位电路结构示意图

P1 口每一位电路结构组成如下：

● 有 1 个输出锁存器，专用于锁存输出数据，以保证在输出新的数据之前，保持原有的数据。

● 有 2 个三态输入缓冲器，输入缓冲器 BUF1 用于读取输出锁存器的数据输入缓冲，输入缓冲器 BUF2 用于读取端口引脚数据的输入缓冲。

● 有 1 个由场效应晶体管 VF 和端口内部上拉电阻 R 组成的数据输出驱动电路，可驱动 4 个 LSTTL 负载。

P1 口作通用 I/O 口使用时，仅具有高电平和低电平两种状态，由于电路为单管驱动输出结构，没有高阻抗状态，只能称为准双向口。

当 P1 口作输出口时，不再需要外接上拉电阻，若 CPU 经内部总线、锁存器、驱动电路输出 "1" 数据，则由于 D = 1，所以 Q = 1，$\overline{Q}$ = 0，使 VF 截止，VCC 电压经内部上拉电阻 R 加在 P1 口该位引脚上输出高电平；若 CPU 输出 "0"，则 Q = 0，$\overline{Q}$ = 1，使 VF 饱和导通，P1 口该位引脚输出低电平。

当 P1 口作输入口时，仍有读锁存器和读引脚两种读取方式。读锁存器时，Q 端状态经 BUF1 进入内部总线；读引脚时，必须先向输出锁存器写入 1，即使 D = 1，Q = 1，$\overline{Q}$ = 0，VF 截止，P1 口引脚上的电平状态跟随负载变化，并经 BUF2 进入内部总线。

（3）P2 口　P2 口是具有双功能的 8 位并行 I/O 口，属准双向 I/O 口，字节地址为 0A0H，位地址分别为 0A0H～0A7H，既可以字节访问，也可以位访问。P2 口每一位 I/O 线具有完全相同但又相互独立的电路结构。与 P1 口类似，P2 口含内部上拉电阻。P2 口位电路结构示意如图 2-12 所示。

P2 口每一位电路结构组成如下：

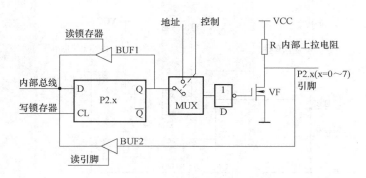

图 2-12　P2 口位电路结构示意图

● 有 1 个输出锁存器，专用于锁存输出数据，以保证在输出新的数据之前，保持原有的数据。

● 有 2 个三态输入缓冲器，输入缓冲器 BUF1 用于读锁存器的数据输入，输入缓冲器 BUF2 用于读端口引脚数据的输入。

● 有 1 个多路开关 MUX，分别接于锁存器的输出端 Q 和内部地址总线的高 8 位的其中一位，多路开关的接通方向由控制信号端确定。若控制信号使多路开关接通地址线，则 P2 口用于输出高 8 位地址信息；若控制信号使多路开关接通输出锁存器 Q 端，则 P2 口作通用的 I/O 口。

● 有 1 个数据输出驱动电路，由场效应晶体管 VF 和内部上拉电阻 R 组成，可驱动 4 个 LSTTL 负载。

1）P2 口作通用 I/O 口。P2 口可作为通用 I/O 口使用，如图 2-12 所示，内部控制信号使多路开关 MUX 接通输出锁存器的 Q 端。若 CPU 输出"1"数据，则 Q = 1，经非门 D 输出 0，使 VF 截止，P2 口引脚输出 1；若 CPU 输出"0"，则 Q = 0，经非门 D 输出 1，VF 饱和导通，P2 口引脚输出 0。当 P2 口作为数据输入口时，可分为读锁存器和读引脚两种输入方式。读锁存器数据时，Q 端状态经 BUF1 进入内部总线；读引脚上的数据时，先向输出锁存器写入 1，从而使 VF 截止，这时 P2 口引脚上的状态数据经 BUF2 进入内部总线。

2）P2 口作高 8 位地址总线。当单片机系统需要外部功能扩展时，与 P0 口类似，也通过多路开关 MUX 实现。P2 口作为高 8 位地址总线信息输出端口时，内部控制信号自动使 MUX 与地址端接通，当地址端为 0 时，经非门 D 输出 1，VF 饱和导通，P2 口该位引脚输出 0；当地址端为 1 时，经非门 D 输出 0，VF 截止，P2 口该位引脚输出 1。

（4）P3 口　P3 口是一个双功能的 8 位并行准双向端口，字节地址为 0B0H，位地址为 0B0H~0B7H，采用字节形式或位形式都可以访问 P3。P3 口的每一位都具有完全相同但又相互独立的电路结构，而且每一位都可以分别定义第二变异输入/输出功能。P3 口位电路结构示意如图 2-13 所示。

P3 口每一位电路结构组成如下：

● 有 1 个输出锁存器，专用于锁存输出数据，以保证在输出新的数据之前，保持原有的数据。

● 有 3 个三态输入缓冲器，其中输入缓冲器 BUF1 用于读输出锁存器的数据输入，输入

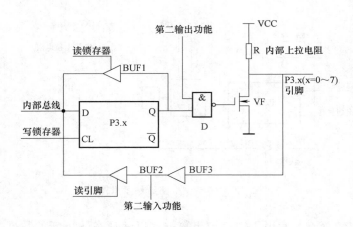

图 2-13　P3 口位电路结构示意图

缓冲器 BUF2、BUF3 用于读端口引脚数据的输入，输入缓冲器 BUF2 用于读第二输入功能数据的输入。

- 有 1 个数据输出驱动电路，由与非门 D、场效应晶体管 VF 和内部上拉电阻 R 组成，可驱动 4 个 LSTTL 负载。

1）P3 口作通用 I/O 口。P3 口作为通用 I/O 口使用时，电路中第二输出功能端自动保持为 1，使与非门 D 处于开启状态，这时，CPU 输出数据时，若输出为 1，则 Q = 1，D 输出端为 0，则 VF 截止，P3 口该位引脚输出 1；反之，若 CPU 输出为 0，则 Q = 0，D 输出端为 1，则 VF 饱和导通，P3 口该位引脚输出为 0。

当 P3 口作为数据输入口时，相应位的输出锁存器和第二输出功能端均应设置为 1，D 输出端为 0，则 VF 截止，P3 口该位引脚上的数据状态经 BUF3 和 BUF2 进入内部总线，从而实现读引脚操作。执行读锁存器操作时，Q 端状态经 BUF1 进入内部总线。

2）P3 口作第二功能的输入/输出端口。P3 口作为第二功能的输出/输入端口时，若选择第二输出功能，则被选中的该位的输出锁存器须先置 1，使与非门 D 为开启状态，当第二输出功能端为 1 时，VF 截止，P3 口该引脚输出为 1；当第二输出功能端为 0 时，VF 饱和导通，P3 口该引脚端输出为 0。若选择第二输入功能，则被选中的该位的输出锁存器和第二输出功能端均置 1，确保 VF 在截止状态下，P3 口该位引脚的状态信息由 BUF3、BUF2 送入内部总线。

接下来我们介绍 STC12C5A60S2 的 I/O 口。

2. STC12C5A60S2 单片机的 I/O 口结构

（1）I/O 口配置　STC12C5A60S2 单片机所有 I/O 口均可由软件配置成 4 种工作类型之一，见表 2-8。4 种工作类型分别为：准双向口/弱上拉（传统 8051 I/O 口模式）、强推挽输出（强上拉输出）、仅为输入（高阻）以及开漏输出。各口由两个控制寄存器中的相应位控制每个引脚工作类型。STC12C5A60S2 单片机上电复位后为准双向口/弱上拉（传统 8051 I/O 口模式）。2V 以上即认为高电平，0.8V 以下认为低电平。每个 I/O 口驱动能力均可达到 20mA，但整个芯片最大不得超过 120mA。

表 2-8　STC12C5A60S2 单片机 I/O 口的 4 种工作类型

PxM1[7:0]	PxM0[7:0]	工 作 类 型
0	0	准双向口/弱上拉（传统 8051 I/O 口模式），灌电流可达到 20mA
0	1	强推挽输出（强上拉输出），灌电流可达 20mA，要加限流电阻
1	0	仅为输入（高阻）
1	1	开漏输出，内部上拉电阻断开，要外加

注：x 代表 0，2~4。

1）P4 口（0C0H）、P3 口（0B0H）、P2 口（0A0H）、P0 口（80H）设定。P0、P2~P4 口的 I/O 口设定时模式相同。

P4. 7 6 5 43210

举例：MOV　P4M1，#1 0 1 00000B

　　　MOV　P4M0，#1 1 0 00000B

以上语句说明 P4.7 为 11，开漏输出；P4.6 为 01，强推挽输出；P4.5 为 10，仅为输入；P4.4~P4.0 均为 00，即准双向口/弱上拉。以 P4M1、P4M0 为例来看看两个控制寄存器的各个位。

P4M1 寄存器各位如下：

名称	地址	D7	D6	D5	D4	D3	D2	D1	D0
P4M1	0B3H	P4M1.7	P4M1.6	P4M1.5	P4M1.4	P4M1.3	P4M1.2	P4M1.1	P4M1.0

P4M0 寄存器各位如下：

名称	地址	D7	D6	D5	D4	D3	D2	D1	D0
P4M0	0B4H	P4M0.7	P4M0.6	P4M0.5	P4M0.4	P4M0.3	P4M0.2	P4M0.1	P4M0.0

如果使用 C 语言来设定，需要做如下声明：

#include<STCAD. H>，

P4M1 = 0xA0；

P4M0 = 0xC0；

其作用与汇编语言相同。

2）P1 口设定（90H）。STC12C5A60S2 单片机 P1 口的 4 种工作类型见表 2-9。

表 2-9　STC12C5A60S2 单片机 P1 口的 4 种工作类型

P1M1[7:0]	P1M0[7:0]	工 作 类 型
0	0	准双向口（传统 8051 I/O 口模式），灌电流可达到 20mA
0	1	强推挽输出（强上拉输出），灌电流可达 20mA，要加限流电阻
1	0	仅为输入（高阻），如果该 I/O 口需作为 A-D 转换端口使用，可选此模式
1	1	开漏输出，如果该 I/O 口需作为 A-D 转换端口使用，可选此模式

P1. 7 6 5 43210

举例：MOV　P1M1，#1 1 1 10000B

　　　MOV　P1M0，#0 0 0 00000B

以上语句说明 P1.4~P1.7 为 10，仅为输入。由于 P1 口在 A-D 转换时有特殊用途，以上设定说明，用到 P1.4~P1.7 这 4 个引脚来作为 A-D 转换的输入端口。在 A-D 转换项目中会详细介绍。

如果使用 C 语言来设定，需要做如下声明：

#include<STCAD. H>,

P1M1 = 0xF0;

P1M0 = 0x00;

其作用与汇编语言相同。

（2）P4 口的使用　对 STC12C5A60S2 单片机的 P4 口的访问，与访问常规的并行口相同，并且均可位寻址。在使用 P4 口时首先要了解寄存器 P4SW，各位如下：

名称	地址	D7	D6	D5	D4	D3	D2	D1	D0	复位值
P4SW	0BBH	—	EX_LVD/P4.6	ALE/P4.5	NA/P4.4					x000,xxxxB

EX_LVD/P4.6：0，外部低电压检测，可使用查询方式或设置成中断来检测。

1，通用 I/O 口。

ALE/P4.5：　　0，ALE 信号，只有在用 MOVX 指令访问片外扩展器件时才有信号输出。

1，通用 I/O 口。

NA/P4.4：　　0，弱上拉，无任何功能。

1，通用 I/O 口。

其次，来看看 P4.7 的第二功能，如图 2-14 所示。

RST/P4.7：在 ISP 烧录程序时选择该引脚是作复位引脚还是 P4.7，如设置成 P4.7，必须使用外部时钟。

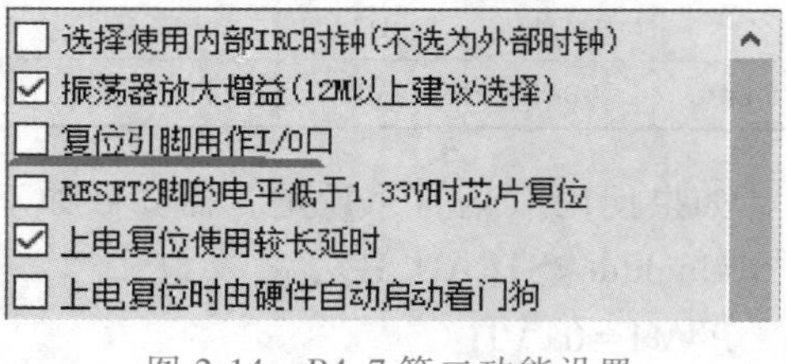

图 2-14　P4.7 第二功能设置

通过学习 P1 口与 P4 口引脚功能，我们会发现这两个端口都有 PCA、SPI 和串行口 2 的功能，那么究竟选择哪个口，这由 AUXR1 寄存器来设置。AUXR1 各位如下：

名称	地址	D7	D6	D5	D4	D3	D2	D1	D0	复位值
AUXR1	0A2H	—	PCA_P4	SPI_P4	S2_P4	GF2	ADRJ		DPS	0000,0000B

PCA_P4：0，PCA 在 P1 口。

1，PCA/PWM 从 P1 口切换到 P4 口，ECI 从 P1.2 切换到 P4.1，PCA0/PWM0 从 P1.3 切换到 P4.2，PCA1/PWM1 从 P1.4 切换到 P4.3。

SPI_P4：0，SPI 在 P1 口。

1，SPI 从 P1 口切换到 P4 口，SPICLK 从 P1.7 切换到 P4.3，MISO 从 P1.6 切换到 P4.2，MOSI 从 P1.5 切换到 P4.1，SS 从 P1.4 切换到 P4.0。

S2_P4：0，UART2 在 P1 口。

1，UART2 从 P1 口切换到 P4，TxD2 从 P1.3 切换到 P4.3，RxD2 从 P1.2 切换

到 P4.2。

GF2：通用标志位。

ADRJ：0，10 位 A-D 转换结果的高 8 位放在 ADC_RES 寄存器，低 2 位放在 ADC_RESL

寄存器。

1，10 位 A-D 转换结果的最高两位放在 ADC_ RES 寄存器的低两位，低 8 位放

在 ADC_ RESL 寄存器。

DPS：0，使用数据指针 DPTR0。

1，使用数据指针 DPTR1。

（3）I/O 口不同工作类型结构框图　前面提到 I/O 可以配置成 4 种不同的工作类型，现在我们来看看各种工作类型的结构。

1）准双向口配置。准双向口类型可用作输出和输入功能而不需重新配置 I/O 口输出状态。这是因为当 I/O 口输出为 1 时驱动能力很弱，允许外部装置将其拉低。当 I/O 口输出为 0 时，它的驱动能力很强，可吸收相当大的电流。准双向口有 3 个上拉场效应晶体管适应不同的需要，如图 2-15 所示。

在 3 个上拉场效应晶体管中，c 管为"弱上拉"，当 I/O 口锁存器为 1 且引脚本身也为 1 时打开。此上拉提供基本驱动电流使准双向口输出为 1。如果引脚输出为 1 而由外部装置下拉到低，则"弱上拉"关闭而"极弱上拉"维持开状态，为了把这个引脚强拉为低，外部装置必须有足够的灌电流能力使引脚上的电压降到门槛电压以下。

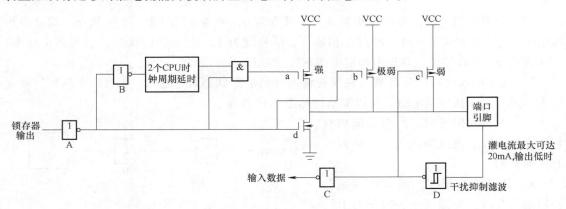

图 2-15　准双向口输出

b 管为"极弱上拉"，当 I/O 口锁存器为 1 时打开。当引脚悬空时，这个极弱的上拉源产生很弱的上拉电流将引脚上拉为高电平。

a 管为"强上拉"，当 I/O 口锁存器由 0 到 1 跳变时，这个上拉用来加快准双向口由逻辑 0 到逻辑 1 转换。当发生这种情况时，强上拉打开约两个时钟周期以使引脚能够迅速地上拉到高电平。

当锁存器输出 0 时，经过反相器 A，信号变为 1，使得 d 管导通，同时 a、b、c 管截止，输出低电平；当锁存器输出由 0 跳变到 1，经过 2 个 CPU 时钟周期延时后，a 管导通，输出变为 1。

必须要注意的是：读外部引脚状态前，要先输出高电平，使 d 管截止，才可读到正确的

外部输入状态。

2）强推挽输出配置。强推挽输出配置的下拉结构与开漏输出以及准双向口的下拉结构相同，但当锁存器输出为1时提供持续的强上拉。强推挽输出一般用于需要更大驱动电流的情况。强推挽输出内部结构如图2-16所示。

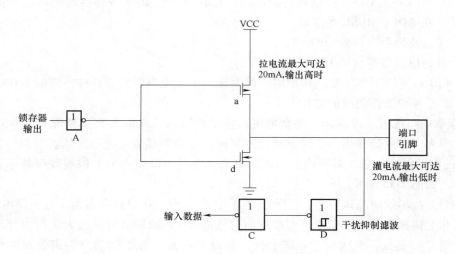

图2-16　强推挽输出内部结构

当锁存器输出1时，经过反相器A，信号变为0，使得a管导通，d管截止，端口引脚输出1；当锁存器输出0时，经过反相器A，信号变为1，a、d管的状态也呈现相反状态，即a管截止，d管导通，端口引脚输出亦相反，为0。

3）仅为输入（高阻）配置。在仅为输入（高阻）状态时，输入口带有一个施密特触发输入以及一个干扰抑制电路，其内部结构如图2-17所示。

在仅为输入配置时，所有的输出管均截止，对外呈现高阻状态，对输入没有任何影响。

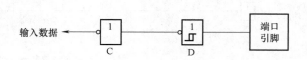

图2-17　仅为输入内部结构

4）开漏输出配置。当I/O口锁存器输出为0时，开漏输出关闭所有上拉场效应晶体管。当作为一个逻辑输出时，这种配置方式必须有外部上拉，一般通过电阻外接到VCC。如果外部有上拉电阻，开漏的I/O口还可读外部状态，即此时配置为开漏输出模式的I/O口还可作为输入I/O口。这种方式的下拉与准双向口相同。开漏输出内部结构如图2-18所示。

在开漏输出配置情况下，所有上拉场效应晶体管始终处于截止状态。锁存器输出0，经过反相器A后信号为1，使得d管导通，实现开漏输出；锁存器输出1，经过反相器A，信号变为0，使得d管截止，端口呈现高组态。

提示：因为1T的8051单片机速度太快，若软件执行由低变高指令后立即读外部状态，此时由于实际输出还没有变高，就有可能读不对，正确的方法是在软件设置由低变高后加1~2个空操作指令来延时，再读就对了。

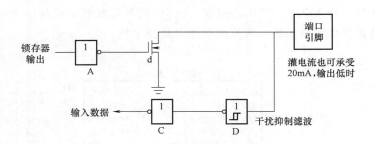

图 2-18　开漏输出内部结构

2.1.5　单片机最小应用系统

单片机最小应用系统是指可以进行正常工作的最简单电路组成。

先分别看看两块单片机的最小应用系统，AT89S51 单片机的最小应用系统电路如图 2-19 所示，该系统中包含 5 个电路部分。

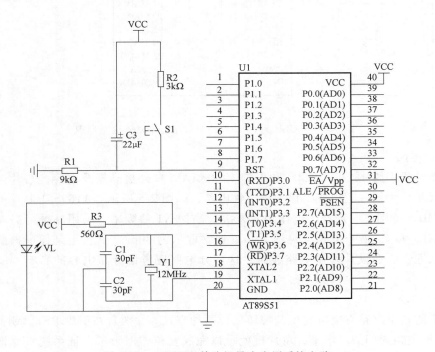

图 2-19　AT89S51 单片机最小应用系统电路

STC12C5A60S2 单片机的最小应用系统电路原理如图 2-20 所示（为了方便对照，芯片封装选择的是 PDIP）。

接着来分析一下系统的五个主要部分以及 ISP 下载电路。

1. 电源电路

按照数字芯片的习惯，PDIP-40 封装时，一般电源接+5V（当芯片引脚 1 位于左手时，电源通常位于右上角），所以芯片引脚 VCC（引脚 40）一般接直流稳压电源+5V，而引脚 GND（引脚 20，当芯片引脚 1 位于左上角时，地线通常位于左下角，与电源线处于对角线位置）接地线。电源电压范围为 4~5.5V，可保证单片机系统能正常工作。为提高电路的抗干扰性能，通常在引脚 VCC 与 GND 之间接上一个 10μF 的电解电容和一个 0.1μF 的瓷片电容，这样可抑制各种杂波的串扰，有效地确保电路稳定性。

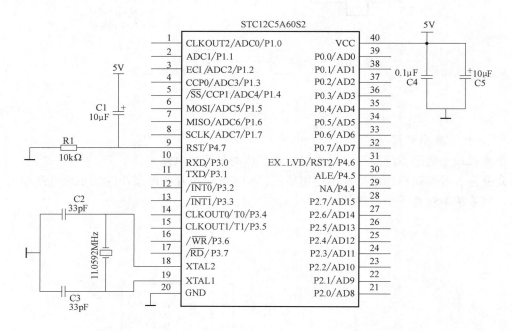

图 2-20 STC12C5A60S2 单片机最小应用系统电路原理

2. 时钟电路

利用单片机引脚 18（XTAL2）和引脚 19（XTAL1）外接晶振及电容，与片内可以构成振荡器的反相放大器一起组成工作主频时钟电路，如图 2-5 所示。AT89S51 芯片的工作频率可在 3~33MHz 范围之间选择，工作频率取决于晶振 XT 的频率。采用晶振可提高工作频率的稳定性，C1 和 C2 两个电容（见图 2-19）通常取值为 30pF，其作用是保证振荡器电路的稳定性及快速性。在设计印制电路板时，这部分电路应考虑分布电容的影响，以免造成不稳定。

3. 复位电路

单片机的复位电路有上电复位及按钮复位两种方式。一般若在引脚 RST（引脚 9）上保持 24 个工作主频周期的高电平，单片机就可以完成复位，但为了保证系统可靠地复位，复位电路应使引脚 RST 保持 10ms 以上的高电平。上电复位电路由 C3、R1 组成（见图 2-19），合理地选择 C3 和 R1 的取值，系统就能可靠地复位。当电路上电时，由于 C3 电容两端的电压值不能突变，电源+5V 会通过电容向 RST 端提供充电电流，因此在 RST 引脚上产生一高电平，使单片机进入复位状态。随着电容 C3 充电，其两端电压上升使得 RST 引脚电位下降，最终使单片机退出复位状态。按钮复位也可使单片机立即进入复位状态。复位后片内各特殊功能寄存器的状态参见表 2-10。

电源电路、时钟电路和复位电路是保证单片机系统能够正常工作的最基本的三部分电路，缺一不可。

表 2-10　AT89S51 单片机特殊功能寄存器符号、字节地址及复位值

序号	符号		字节地址	复位值	说　明
1	P0		80H	0FFH	P0 口
2	SP		81H	07H	堆栈指针
3	DPTR0	DPL	82H	00H	数据指针 DPTR0 低字节
4		DPH	83H	00H	数据指针 DPTR0 高字节
5	DPTR1	DPL	84H	00H	数据指针 DPTR1 低字节
6		DPH	85H	00H	数据指针 DPTR1 高字节
7	PCON		87H	0XXX0000B	电源控制寄存器
8	TCON		88H	00H	定时器/计时器控制寄存器
9	TMOD		89H	00H	定时器/计时器工作方式控制寄存器
10	TL0		8AH	00H	定时器/计时器 0 低字节
11	TL1		8BH	00H	定时器/计时器 1 低字节
12	TH0		8CH	00H	定时器/计时器 0 高字节
13	TH1		8DH	00H	定时器/计时器 1 高字节
14	AUXR		8EH	XXX00XX0B	辅助寄存器
15	WAKE_CLKO		8FH	00H	时钟输出和掉电唤醒寄存器
16	P1		90H	0FFH	P1 口
17	P1M1		91H	00H	P1 口模式配置寄存器 1
18	P1M0		92H	00H	P1 口模式配置寄存器 0
19	P0M1		93H	00H	P0 口模式配置寄存器 1
20	P0M0		94H	00H	P0 口模式配置寄存器 0
21	P2M1		95H	00H	P2 口模式配置寄存器 1
22	P2M0		96H	00H	P2 口模式配置寄存器 0
23	CLK_DIV		97H	XXXXX000B	时钟分频寄存器
24	SCON		98H	00H	串行口控制寄存器
25	SBUF		99H	XXXXXXXXB	串行口数据缓冲器
26	S2CON		9AH	00H	串行口 2 控制寄存器
27	S2BUF		9BH	XXXXXXXXB	串行口 2 数据缓冲器
28	BRT		9CH	00H	独立波特率发生器寄存器
29	P1ASF		9DH	00H	P1 模拟功能控制寄存器
30	P2		0A0H	0FFH	P2 口
31	BUS_SPEED		0A1H	XX10X011B	总线速度控制器
32	AUXR1		0A2H	XXXXXXX0B	辅助寄存器 1
33	WDTRST		0A6H	XXXXXXXXB	WDT 复位寄存器
34	IE		0A8H	00H	中断允许控制寄存器
35	SADDR		0A9H	00H	从机地址控制器
36	IE2		0AFH	XXXXXX00B	中断允许控制寄存器

（续）

序号	符号	字节地址	复位值	说　　明
37	P3	0B0H	0FFH	P3 口
38	P3M1	0B1H	00H	P3 口模式配置寄存器 1
39	P3M0	0B2H	00H	P3 口模式配置寄存器 0
40	P4M1	0B3H	00H	P4 口模式配置寄存器 1
41	P4M0	0B4H	00H	P4 口模式配置寄存器 0
42	IP2	0B5H	XXXXXX00B	第二中断优先级低字节控制寄存器
43	IP2H	0B6H	XXXXXX00B	第二中断优先级高字节控制寄存器
44	IPH	0B7H	XXXXXX00B	中断优先级高字节控制寄存器
45	IP	0B8H	XX000000B	中断优先级低字节控制寄存器
46	SADEN	0B9H	00H	从机地址掩膜寄存器
47	P4SW	0BBH	X000XXXXB	P4 锁存器开关
48	ADC_CONTR	0BCH	00H	ADC 控制寄存器
49	ADC_RES	0BDH	00H	A-D 转换结果寄存器高位
50	ADC_RESL	0BEH	00H	A-D 转换结果寄存器低位
51	P4	0C0H	0FFH	P4 口
52	WDT_CONTR	0C1H	0X000000B	看门狗控制寄存器
53	IAP_DATA	0C2H	0FFH	ISP/IAP 数据寄存器
54	IAP_ADDRH	0C3H	00H	ISP/IAP 高 8 位地址寄存器
55	IAP_ADDRL	0C4H	00H	ISP/IAP 低 8 位地址寄存器
56	IAP_CMD	0C5H	XXXXXX00B	ISP/IAP 命令寄存器
57	IAP_TRIG	0C6H	XXXXXXXXB	ISP/IAP 命令触发寄存器
58	IAP_CONTR	0C7H	0000 X 000B	ISP/IAP 控制寄存器
59	SPSTAT	0CDH	00 XXXXXXB	SPI 状态寄存器
60	SPCTL	0CEH	00000100B	SPI 控制寄存器
61	SPDAT	0CFH	00H	SPI 数据寄存器
62	PSW	0D0H	00H	程序状态寄存器
63	CCON	0D8H	00XXXX00B	PCA 控制寄存器
64	CMOD	0D9H	0XXX0000B	PCA 模式寄存器
65	CCAPM0	0DAH	X0000000B	PCA 模块 0 模式寄存器
66	CCAPM1	0DBH	X0000000B	PCA 模块 1 模式寄存器
67	ACC	0E0H	00H	字节累加器
68	CL	0E9H	00H	PCA 基础定时器低位
69	CCAP0L	0EAH	00H	PCA 模块 0 捕获寄存器低位
70	CCAP1L	0EBH	00H	PCA 模块 1 捕获寄存器低位
71	B	0F0H	00H	B 寄存器
72	PCA_PWM0	0F2H	XXXXXX00B	PCA PWM 模式辅助寄存器 0

（续）

序号	符号	字节地址	复位值	说　明
73	PCA_PWM1	0F3H	XXXXXX00B	PCA PWM 模式辅助寄存器 1
74	CH	0F9H	00H	PCA 基础定时器高位
75	CCAP0H	0FAH	00H	PCA 模块 0 捕获寄存器高位
76	CCAP1H	0FBH	00H	PCA 模块 1 捕获寄存器高位

注：加灰寄存器为 STC 芯片才有。

复位不影响片内 RAM 单元的数据变化，仅影响特殊功能寄存器中的内容，对于部分特殊功能寄存器，复位后的初始值具有重要意义。如：PC = 0000H 表示程序必须从程序存储器 0000H 地址单元开始执行；PSW = 00H，表示 RS1、RS0 为 00，自动选用 0 区的工作寄存器 R0 ~ R7；同时 CY（进位）为 0；P0 ~ P3 口的内容均为 0FFH，表示 32 位 I/O 引脚内的锁存器全为 "1"，在应用时应注意选择正确的输入/输出电平；SP = 07H，表示堆栈指针的栈顶为 07H 地址单元，应注意在使用中堆栈区与工作寄存器区可能发生重叠，因此必须通过软件重新定义 SP 值，即重新设置堆栈区域；ACC、B 寄存器内容均为 0；辅助寄存器 AUXR1 = XXXXXXX0B，表示自动选择 DPTR0，等等。"X" 表示无定义或随机存储值。

4. 片内外程序存储器选择电路

由于 AT89S51 单片机片内已含有 4KB Flash 存储器，可专用于固化用户所编应用程序的机器代码，芯片引脚 $\overline{EA}$（引脚 31）可直接接+5V 电源，这样 CPU 总是访问片内的程序存储器，执行里面的程序指令的操作。

5. 输入/输出接口电路

单片机的五个并行端口 P0 ~ P4 口可作控制外部设备的通用输入/输出端，其中 P3 口的某些引脚还可采用中断控制方式。I/O 接口电路在与外部负载连接时，还应注意电路上不同电源之间的隔离及驱动功率相匹配等问题的解决措施。

6. ISP（In-system Programmable）**在系统编程**（即 ISP 下载）

在系统编程，即单片机芯片可以直接焊接在电路板上，只要留出和上位机接口的串行口，如图 2-21 所示，就可以实现芯片内部存储器的改写，而无须再取下芯片，不需要像以前的 89C51 那样：拔下芯片，再用专用的编程器来烧写芯片。下面我们先来看看 AT89S51 在系统编程的基本原理：

先将 RST 置高电平，然后向单片机串行发送编程命令，P1.7（SCK）

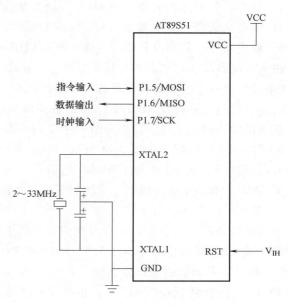

图 2-21　ISP 下载接口示意图

输入移位脉冲，P1.6（MISO）串行数据输出，P1.5（MOSI）串行数据输入。Flash 编程和校验波形如图 2-22 所示。

注意：被烧写的单片机一定包含最小应用系统（单片机已经接好电源、晶振，可以运行）。

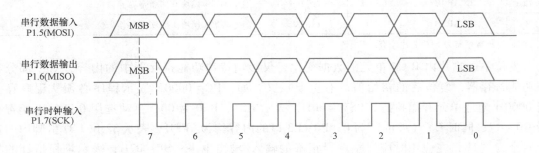

图 2-22　Flash 编程和校验波形（串行模式）

对 AT89S51 Flash 闪速存储器的串行编程方法：

1）上电次序：将电源加在 VCC（引脚 40）和 GND（引脚 20）之间，RST（引脚 9）置为"H"，XTAL1（引脚 19）和 XTAL2（引脚 18）之间接上晶体或者在 XTAL1 接上 3～33MHz 频率的时钟（外部时钟），等候 10ms。

2）将编程使能指令发送到 MOSI（P1.5），编程时钟接至 SCK（P1.7），此频率需小于晶体时钟频率的 1/16。

3）代码阵列的编程可选字节模式或页模式。写周期是自身定时的，一般不大于 0.5ms（5V 电压时）。

4）任意代码单元均可通过 MISO（P1.6）和读指令选择相应的地址回读数据进行校验。

5）编程结束应将 RST 置为"L"以结束操作。

6）断电次序：假如没有使用晶体，将 XATL1 置为低，RST 置低，关断 VCC。

注意：数据校验也可在串行模式下进行，在这个模式下，一个写周期中，通过输出引脚 MISO 串行回读一个字节数据的最高位将为最后写入字节的反码。

接着，我们再来看看 STC12C5A60S2 在系统编程的基本原理。

在这里为了简化电路，我们介绍的是使用 CH340G 芯片来完成 USB 转串行口的下载方式。USB 口输入的数据（如图 2-23 所示）通过 D+与 D-端口分别接 CH340G 芯片的引脚 5、6（UD+、UD-），而 P3.0 与 CH340G 的引脚 2（TXD）相连，P3.1 与 CH340G 的引脚 3（RXD）相连，如图 2-23b 所示。具体的下载方法详见附录 D。

2.1.6　单片机应用系统电路

根据项目要求，综合考虑并行口的应用，将 P1 口接入 8 个 LED（发光二极管），分别使用红、黄、绿颜色间隔；同时 P1.5、P1.6 和 P1.7 还作为下载接口（应用同图 2-21）；将 4 位的 7 段共阳数码管的位选分别接入 P2.7、P2.6、P2.5、P2.4，段选按从 H 到 A 的顺序接入 P0 口（高位到低位的顺序）；由于 P3 口具有双功能，所以设计的按键接入 P3.2、P3.3、P3.4、P3.5。设计电路如图 2-24 所示。

设计的初衷是利用万用板自己设计走线并焊接，实物图如图 2-25 所示。在制作中应注

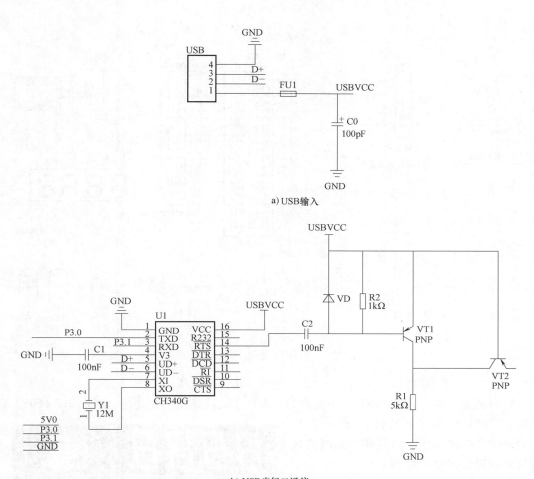

a) USB输入

b) USB串行口通信

图 2-23 STC12C5A60S2 单片机下载电路

意以下问题：

1）要注意 USB 取电插头 J1 的引脚分辨，避免接错而损坏芯片。

2）为了方便插入下载线，白色的下载插座 J2 一定不能离芯片太近，否则会插不进。

3）要注意插座 J2、J3 的标识方向，以免把插座装反而无法下载程序和通信。

4）要注意排阻 J4、J5 的标识方向，以免搞错方向而造成数码管不显示。

5）要注意按键 S1~S5 的引脚分辨，避免接错。

6）要注意蜂鸣器的引脚分辨，以免接错而不发声。

7）要注意发光二极管的引脚分辨，以免接错而不发光。

8）使用 DS18B20 时要注意引脚分辨，避免插错方向损坏芯片。

9）由于选择的是片内程序存储器，切记将 $\overline{EA}$（引脚 31）接+5V 电源。

鉴于利用 STC12C5A60S2 单片机完成此项目时，并行口分配可以完全相同，所以不再详细叙述基于此芯片的开发板的制作过程。使用的开发板可以参考附录。

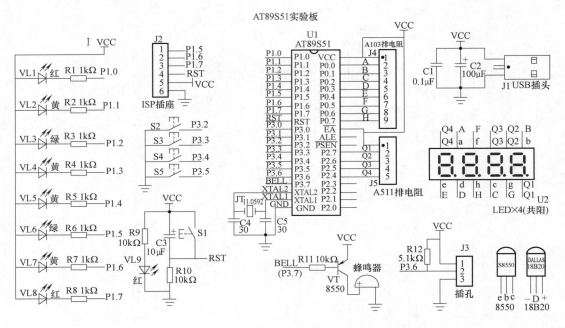

图 2-24 AT89S51 实验板原理图

2.1.7 从传统 8051 单片机过渡到 STC12C5A60S2 系列单片机

在执行速度方面，传统 8051 单片机的 111 条指令执行速度全面提速，STC12C5A60S2 相较于传统 8051 单片机，最快的指令快 24 倍，最慢的指令快 3 倍，而靠软件延时实现精确延时的程序需要调整。

在内部结构方面，STC12C5A60S2 系列单片机的定时器 0/定时器 1 与传统 8051 完全兼容；传统 8051 单片机的 ALE 引脚对系统时钟进行 6 分频输出，可对外提供时钟，STC12C5A60S2 不对外输出时钟，如果传统设计利用 ALE 引脚对外输出时钟，则利用其可编程时钟输出引脚对外输出时钟 （CLKOUT0/CLKOUT1/CLKOUT2） 或

图 2-25 AT89S51 实验板实物图

XTAL2 引脚串一个 200Ω 电阻对外输出时钟。其他引脚及特殊功能寄存器的使用均在使用时详细介绍。

任务 2 单片机开发板仿真电路设计

使用 Proteus 软件绘制仿真原理图，要求可以控制 8 个 LED、4 位数码管、1 个蜂鸣器。

要点分析

根据电路需要添加相应的元件，并连接电路。

 学习要点

2.2.1　软件的安装

一般 Proteus 安装方法都大同小异，本任务以 Proteus 7.10 版为例。

1）双击安装文件，进入欢迎安装界面，如图 2-26 所示。

2）单击"Next"（下一步），出现许可协议界面，如图 2-27 所示，选择"Yes"后界面如图 2-28 所示。

图 2-26　欢迎安装界面

图 2-27　许可协议界面

3）选择"Use a locally installed Licence Key"，也就是选择本地的一个密钥，继续单击"Next"。

4）单击"Next"后，界面如图 2-29 所示，显示"No licence key is installed"，继续单击"Next"，界面如图 2-30 所示。

5）单击"Browse For Key File"，然后从硬盘中选择获得的密钥文件"LICENCE. lxk"。

6）单击"Install"后，可以单击"Close"，而后一直单击"Next"即可。

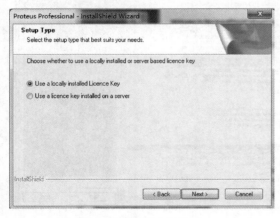

图 2-28　密钥位置选择

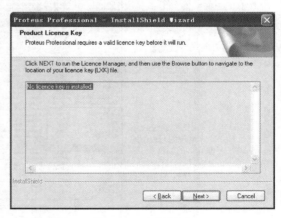

图 2-29　密钥提示

项目2 任务2原理图的绘制

图 2-30 密钥导入

2.2.2 原理图的绘制

1）单击"开始"→"程序"→"Proteus 7 Professional"→"ISIS 7 Professional"或者双击图 2-31 所示图标，打开应用程序。

2）如图 2-32 所示，用鼠标左键单击界面左侧预览窗口的"P"按钮，在弹出的界面"Pick Devices"（元件拾取）中，在 Keywords（关键字）下面的文本框中输入需要的元件名称。此处输入元件名称"led"。在出现的列表中根据需要的 LED 颜色选择，如 LED-RED（红色）、LED-YELLOW（黄色）、LED-GREEN（绿色），这是本设计需要的三种颜色。这里可

图 2-31 Proteus 图标

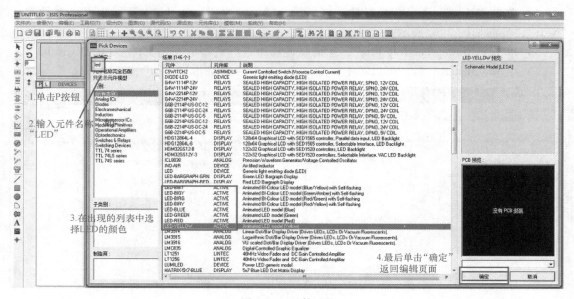

图 2-32 元件选择

以直接双击元件，也可以单击元件，然后单击右下角的"确定"按钮。但是对于选择三种颜色，采用前一种方法更简单，不需要多次搜索、选择、确定。

依次在关键字文本框输入"AT89C"选择AT89C51（与AT89S51芯片引脚一致）；输入"7seg"，选择7SEG-MPX4-CA-BLUE（4位共阳极数码管）；输入"SOUNDER"，就会在元件框中看到唯一的SOUNDER元件，双击该元件。到此主要元件选择完毕，但是，从上一个任务可以知道，电路构成还需要一些常用元件。本次任务需要用到的元件对应关键字见表2-11。

表 2-11 元件名称对照

元　件	关　键　字	备　注
单片机	AT89C51	也可选择 AT89C52，芯片引脚定义相同
4 位 7 段共阳数码管	7SEG-MPX4-CA-BLUE	7SEG—7 段数码管，MPX4—4 位，CA—共阳（共阴管为 CC），BLUE—蓝色（默认红色）
电容	CAP	可编辑电容值
有极性电容	CAP-ELEC	
晶振	CRYSTAL	可修改晶振值
绿色发光二极管	LED-GREEN	
红色发光二极管	LED-RED	
黄色发光二极管	LED-YELLOW	
电阻	RES	建议接发光二极管时阻值设置 220Ω
排阻	RESPACK-8	
NPN 型晶体管	2N1711	软件中代替常用的 8050 晶体管
扬声器	SOUNDER	

3）在 Results（结果）中找到需要的元件，然后双击它（左键），该元件就加入到"P"按钮下面的方框中了，在该方框中左键单击该元件，接着在编辑窗口中单击左键，确认元件放的位置（这期间单击右键退出）。其他的所有元件均按上述步骤进行。所有元件添加完之后如图 2-33 所示。

4）元件放置好后，接着来连线。直接在元件的引脚单击鼠标左键进行连线。按照电路图连好所有的线。在连接一个并行口的时候，通常会使用总线来连接，如果要画总线，一定要先画总线再画连接线。如果希望连成 45° 的斜线，在连线的同时按住"Ctrl"键就可以实现了。用总线来连接，必不可少的就是每个引脚的标号，选择标号的图标如图 2-34 所示。

如果是要定义顺序的标号，操作如下：如图 2-34 所示，单击"LBL"图标，然后按下键盘上的字母键"A"，出现属性分配工具。以数码管的位的标号为例，输入"NET=wei#"，如图 2-35 所示，其中"#"代表数字，计数值为 0 代表从 wei0 开始，尾数加 1，每放置一个标号增加 1，wei0，wei1……如果计数值为 1 代表从 wei1 开始，则为 wei1，wei2，wei3……

5）对原理图进行电气规则检测。选择"工具栏"→"电气规则检查"，出现电气规则检查表，看是否有错误，根据错误改正电路图的连线。

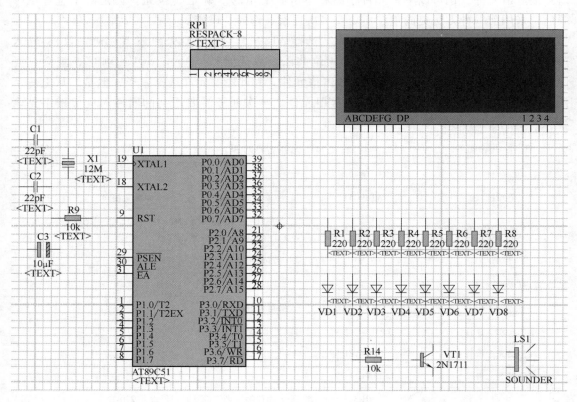

图 2-33　添加所有元件

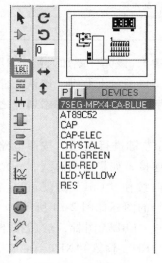

图 2-34　标号定义

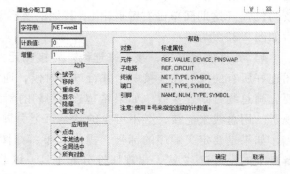

图 2-35　标号属性设置

6）单击界面的按钮进行保存，保存路径自己选择。

7）到此，仿真原理图设计完成。设计完成的仿真图如图 2-36 所示。

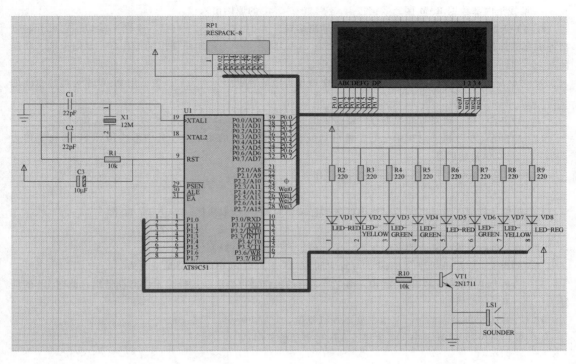

图 2-36 仿真图

项 目 小 结

单片机的 CPU 由运算器和控制器组成，其最小应用系统包括：电源电路、时钟电路、复位电路、片内外程序存储器选择电路以及输入/输出接口电路。当要制作开发板时，除了最小应用系统还要重点注意下载电路的应用，特别是此部分电路在制作过程中如果出现虚焊将导致无法下载程序。在使用 51 芯片时，要注意 AT89S51 芯片与 STC12C5A60S2 之间的区别：1）并行口；2）内部结构；3）执行速度；4）特殊功能寄存器。

练 习 二

一、填空题

1. 单片机是将_____、_____、_____、特殊功能寄存器、_____、和输入/输出接口电路以及相互连接的总线等集成在一块芯片上。

2. AT89S51 单片机共有_____个 8 位的并行 I/O 口，其中既可用作地址/数据口、又可用作一般的 I/O 口的是_____。

3. STC12C5A60S2 单片机共有_____个 8 位的并行 I/O 口。

4. AT89S51 单片机字长是_____位，有_____根引脚。

5. AT89S51 单片机是__位单片机，其中控制程序执行顺序的寄存器是_____，是__位寄存器。

6. AT89S51 单片机采用_____V 电压供电。

7. 堆栈是内部数据 RAM 区，数据按＿＿＿＿＿＿＿＿＿的原则出入栈。

8. AT89S51 单片机具有＿＿＿＿个并行输入/输出端口，其中＿＿＿＿＿＿＿口是一个两用端口，它可分时输出外部存储器的低八位地址和传送数据；而＿＿＿＿＿＿＿口是一个专供用户使用的 I/O 口；常用于第二功能的是＿＿＿＿口。

9. 当单片机系统进行存储器扩展时，用 P2 口作为地址总线的＿＿＿＿＿＿位，用 P0 口作为地址总线的＿＿＿＿＿＿位。

10. AT89S51 单片机对片外数据存储器是采用＿＿＿＿＿＿作为指针的，其字长为＿＿＿＿＿＿位。

11. AT89S51 单片机上电初始化后，将自动设置一些寄存器的初始值，其中堆栈指针 SP 的初始值为＿＿＿＿＿＿，P0 口初始值是＿＿＿＿＿＿。

12. STC12C5A60S2 单片机 I/O 口的四种工作类型分别是＿＿＿＿＿＿＿、＿＿＿＿＿＿＿、仅为输入、＿＿＿＿＿＿。

13. 在单片机硬件设计时，若仅作内部数据存储，引脚 31 一般要接＿＿＿＿＿＿电平。

14. 在 AT89S51 单片机中，RAM 是＿＿＿＿＿＿存储器，ROM 是＿＿＿＿＿＿存储器。

15. 单片机的复位方式主要有＿＿＿＿＿＿＿和＿＿＿＿＿＿＿两种。

16. AT89S51 单片机的片内 RAM 的寻址空间为＿＿＿＿，而片内 ROM 的寻址空间为＿＿＿＿＿＿。

17. 已知 PSW 的 RS1 和 RS0 为 10，则＿＿＿＿＿＿组的工作寄存器区被选择为工作寄存器组，此时 R0 的地址为＿＿＿＿＿＿H。

18. 给 RST 引脚输入＿＿＿＿＿＿电平使单片机复位，此时 P0 =＿＿＿＿＿＿，SP =＿＿＿＿＿＿。

19. 单片机内部 RAM 区中，可位寻址区的字节地址范围是＿＿＿＿＿＿＿＿＿。

二、判断题

（　　）1. AT89S51 单片机的程序存储器只能用来存放程序。

（　　）2. AT89S51 单片机若希望程序从片内存储器开始执行，EA 引脚应接低电平。

（　　）3. AT89S51 单片机复位后，特殊功能寄存器 SP 的内容都是 00H。

（　　）4. 51 单片机内部寄存器都是 8 位的。

（　　）5. 对于 8 位机，如果正数+正数等于负数，则会产生溢出。

（　　）6. AT89S51 单片机也有 P4 口。

（　　）7. 复位之后，P0~P3 的内容为 0FFH，堆栈指针 SP 指向 00H 单元。

（　　）8. AT89S51 单片机组成的系统可以没有复位电路。

（　　）9. STC12C5A60S2 单片机 PxMx（P1 口模式配置寄存器）复位值与 P1 口复位值相同。

（　　）10. 单片机复位后不影响片内 RAM 的数据，仅影响特殊功能寄存器中的内容。

（　　）11. STC12C5A60S2 单片机执行速度远比 AT89S51 单片机快。

（　　）12. AT89S51 的特殊功能寄存器的位都是可以用软件设置的，因此，是可以进行位寻址的。

（　　）13. AT89S51 单片机必须使用内部 ROM。

（　　）14. AT89S51 单片机的 CPU 能同时处理 8 位二进制数据。

（　　）15. 一般 AT89S51 单片机的特殊功能寄存器的数据都是 8 位的，但数据指针寄存器 DPTR 的数据却是 16 位的。

（　　）16. sbit 不可用于定义片内 RAM 的位寻址区，只能用在可位寻址的 SFR 上。

（　　）17. SFR 中凡是能被 8 整除的地址，都具有位寻址能力。

（　　）18. AT89S51 单片机的程序存储器数和数据存储器扩展的最大范围都是一样的。

（　　）19. STC12C5A60S2 单片机读外部引脚状态时，应使锁存器输出高电平。

（　　）20. STC12C5A60S2 单片机可以采用 3.3V 电压供电。

三、选择题

1. AT89S51 单片机采用的片内程序存储器的类型是（　　　　）。

A. EPROM　　　　　B. SFR　　　　　C. Flash　　　　　D. 掩膜 ROM

2. 下列计算机语言中，CPU 能直接识别的是 （　　　）。

A. 自然语言　　　　B. 高级语言　　　C. 汇编语言　　　D. 机器语言

3. AT89S51 单片机复位后，PC 与 P 口（I/O 口）的值为 （　　　）。

A. 0000H，00H　　B. 0000H，FFH　C. 0003H，FFH　D. 0003H，00H

4. 提高单片机的晶振频率，则机器周期 （　　　）。

A. 变短　　　　　　B. 变长　　　　　C. 不变　　　　　D. 不定

5. 单片机的应用程序一般存放于 （　　　）中。

A. RAM　　　　　　B. ROM　　　　　C. 寄存器　　　　D. CPU

6. AT89S51 单片机的 PSW 中的 RS1 和 RS0 用来 （　　　）。

A. 选择工作寄存器组　　　　　　　　　B. 指示复位

C. 选择定时器　　　　　　　　　　　　D. 选择工作方式

7. AT89S51 基本型单片机片内程序存储器容量为 （　　　）。

A. 16KB　　　　　　B. 8KB　　　　　C. 4KB　　　　　D. 2KB

8. AT89S51 单片机的 P0 口，当使用片外存储器时它是一个 （　　　）。

A. 传输低 8 位地址/数据总线口　　　B. 传输低 8 位地址口

C. 传输高 8 位地址/数据总线口　　　D. 传输高 8 位地址口

9. AT89S51 单片机的 4 个 I/O 口中，内部不带上拉电阻，在应用时要求外加上拉电阻的是 （　　　）。

A. P0 口　　　　　　B. P1 口　　　　　C. P2 口　　　　　D. P3 口

10. 在 CPU 内部，反映程序运行状态或反映运算结果的特殊功能寄存器是 （　　　）。

A. PC　　　　　　　B. A　　　　　　　C. PSW　　　　　D. SP

11. AT89S51 单片机的 XTAL1 和 XTAL2 引脚是 （　　　）引脚。

A. 外接定时器　　　B. 外接串行口　　C. 外接中断　　　D. 外接晶振

12. （　　　）设置可以使 STC12C5A60S2 单片机 P4.6 工作于开漏输出模式。

A. P4M1＝0xa0；P4M0＝0xc0；　　　B. P4M1＝0xc0；P4M0＝0xc0；

C. P4M1＝0xc0；P4M0＝0xa0；　　　D. P4M1＝0xa0；P4M0＝0xa0；

13. 在 STC12C5A60S2 单片机中，可以作为 A-D 转换用途的 I/O 口是 （　　　）。

A. P0 口　　　　　　B. P1 口　　　　　C. P2 口　　　　　D. P3 口

14. 单片机复位后 P0 口和 SP 的值分别为 （　　　）。

A. 00H、00H　　　　B. 00H、13H　　　C. 0FFH、07H　　D. 0FFH、00H

15. AT89S51 单片机的工作寄存器区的地址范围是 （　　　），可分为 （　　　）组。

A. 00H～1FH，4　　B. 00H～1FH，2　C. 00H～0FH，4　D. 00H～0FH，2

16. 访问片外数据存储器时，不起作用的信号是 （　　　）。

A. RD　　　　　　　B. WR　　　　　　C. PSEN　　　　　D. ALE

17. AT89S51 单片机的 VCC 引脚一般接 （　　　）。

A. +4.5V　　　　　B. +3.3V　　　　　C. +12V　　　　　D. +5V

18. STC12C5A60S2 单片机的 VCC 引脚一般接 （　　　）。

A. +4.5V　　　　　B. +3.3V　　　　　C. +12V　　　　　D. +5V

19. 程序状态寄存器 PSW 中的 AC＝1，表示 （　　　）。

A. 计算结果有进位　　　　　　　　　　B. 计算结果有溢出

C. 累加器 A 中的数据有奇数个 1　　　D. 计算结果低 4 位向高位进位

20. AT89S51 单片机的堆栈区是设置在 （　　　）中。

A. 片内 ROM 区　　B. 片外 ROM 区　C. 片内 RAM 区　　D. 片外 RAM 区

21. P0、P1 口作输入用途之前必须（　　　　）。

A. 相应端口先置 1　　　　　　　　B. 相应端口先置 0

C. 外接高电平　　　　　　　　　　D. 外接上拉电阻

22. AT89S51 单片机的 CPU 主要的组成部分为（　　　　）。

A. 运算器、控制器　　　　　　　　B. 加法器、寄存器

C. 运算器、加法器　　　　　　　　D. 运算器、译码器

23. 单片机 AT89S51 的 ALE 引脚是（　　　）。

A. 输出高电平　　　　　　　　　　B. 输出矩形脉冲，频率为晶振频率的 1/6

C. 输出低电平　　　　　　　　　　D. 输出矩形脉冲，频率为晶振频率的 1/2

24. AT89S51 单片机的复位信号是（　　　）有效。

A. 高电平　　　　　B. 低电平　　　　C. 上升沿　　　　D. 下降沿

25. 在访问片外扩展存储器时，低 8 位地址和数据由（　　　）口分时传送，高 8 位地址由（　　　）口传送。

A. P0　P1　　　　　B. P1　P0　　　　C. P0　P2　　　　D. P2　P0

四、简答题

1. 单片机的特殊功能寄存器有哪些？复位时，值分别是什么？

2. 在制作单片机的开发板时，有哪些注意事项？

3. AT89S51 单片机的 P0~P3 四个 I/O 口在结构上有何异同？使用时有哪些注意事项？

项目3 灯光控制设计

 **学习要求**

1）熟悉单片机的结构。
2）掌握编译软件 Keil C 的使用方法。
3）掌握单片机的并行口控制方法。
4）熟练掌握 C 语言的编程方法。
5）熟练掌握程序设计的基本方法。
6）理解中断程序的设计规则及使用方法。
7）理解跑马灯、霓虹灯、交通灯的工作原理。
8）提高自主学习能力。
9）锻炼设计创新能力。
10）培养团队协作精神。

 **知识点**

1）编译软件的使用。
2）单片机内部结构。
3）元件与并行口控制关系。
4）延时子程序设计的基本方法。
5）中断程序结构。

任务1　编译软件使用

 **任务要求**

掌握编译软件的安装与使用。

 **要点分析**

学会建立工程，能编写程序以及编译。

 **学习要点**

3.1.1　软件安装

无论是要下载到硬件还是下载到仿真软件，必须提前生成以 ".bin" 或 ".hex" 为扩展名的文件。所以，需要一个软件来完成将汇编语言、C 语言的程序转化为单片机能接受的二进制或十六进制的文件。目前比较常用的软件就是 Keil，下面以 Keil C51 的安装为例（若要采用汇编语言一定要找相应的版本，安装方法相同）介绍。

1）双击 Keil 的安装软件，如图 3-1 所示，在许可协议界面，勾选 "I agree to all the terms of the preceding License Agreement"，然后单击 "Next"，出现图 3-2 所示的用户信息页面。

图 3-1 许可协议界面   图 3-2 用户信息页面

2）选择安装目录，在图 3-2 所示用户信息界面按要求填写，第一行为 "名"，第二行为 "姓"（也可按照中国习惯第一行填写姓，第二行填写名），第三行为 "公司"，第四行为 "E-mail 地址"。填写完毕后，"Next" 就会由灰色变成黑色，单击 "Next"。

3）安装完成后，出现图 3-3 所示界面。

图 3-3 安装完成

项目 3 任务 1 Keil4
版本操作演示

项目 3 任务 1 Keil5
版本操作演示

图 3-4 Keil 编译软件图标

3.1.2 软件的使用

1）单击 "开始" → "程序" → "Keil μVision4" 或双击图 3-4 所示图标，打开应用程序。

2）软件界面如图 3-5 所示。选择菜单命令 "Project" → "New μVision Project"，生成新的工程，选择目录保存。

通常在安装时已自动打开了 Hello 的演示程序，所以建立新工程会出现需要保存的提示，如图 3-6 所示，只需要选择 "确定" 即可。Keil μVision4 项目文件扩展名为 ".uvproj"。

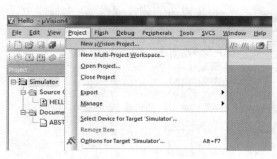

图 3-5　建立新工程

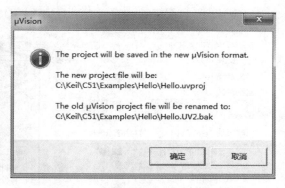

图 3-6　保存提示

3）接下来软件会自动弹出图 3-7 所示界面，要求选择所用的芯片，如果用到的是 AT89S51 单片机，在这里找到"Atmel"，如图 3-7 所示，单击前面的"+"，在列表中选择"AT89S51"芯片，如图 3-8 所示。

如果使用的是 STC12C5A60S2 单片机，需要先添加芯片库。首先打开 STC-ISP 下载编程工具"STC-ISP"软件，软件界面如图 3-9 所示，接着就可以将 STC 型号 MCU 添加到 Keil 的设备库中。

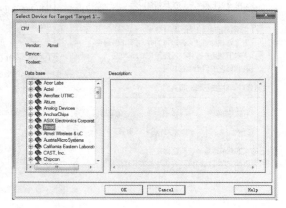

图 3-7　选择 Atmel 公司

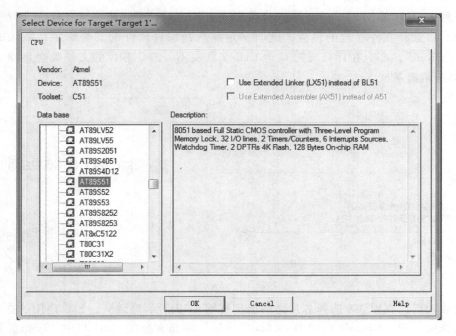

图 3-8　选择 AT89S51 芯片

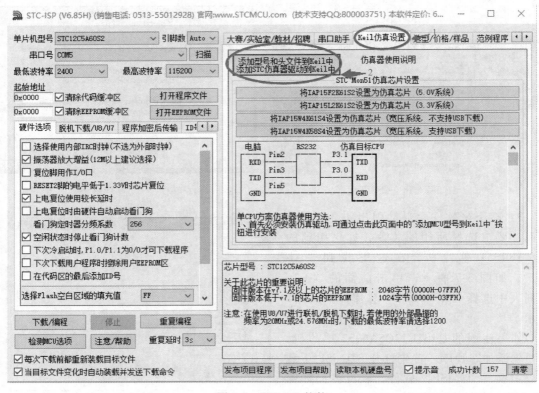

图 3-9 STC-ISP 软件

选择菜单命令"Keil 仿真设置",如图 3-9 圈 1 所示,单击图 3-9 圈 2 所示"添加型号和头文件到 Keil 中 添加 STC 仿真器驱动到 Keil 中"之后,会弹出浏览文件夹选择框,如图 3-10 所示,以选择文件存放的位置,此时一定要选择编译软件的安装路径,默认的安装路径为"C:\ Keil",那么在计算机的 C 盘 Keil 文件夹下,STC 芯片的文件就会自动添加,出现图 3-11 所示提示框。

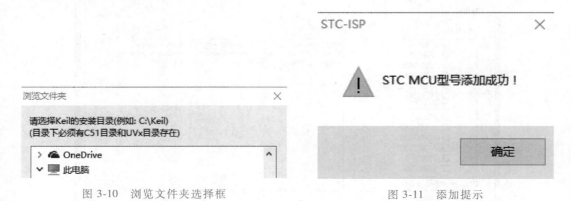

图 3-10 浏览文件夹选择框   图 3-11 添加提示

添加成功后,在图 3-8 选择芯片之前会出现图 3-12 所示对话框,如果使用的是 AT89S51 芯片,选择第一项"Generic CPU Data Base"(第一项是普通的 CPU 芯片,选择后界面如图 3-8 所示);如果使用的是 STC12C5A60S2 芯片,则选择第二项"STC MCU Database"。选择

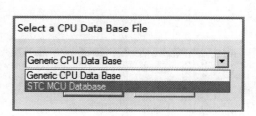

图 3-12　CPU 数据库选择

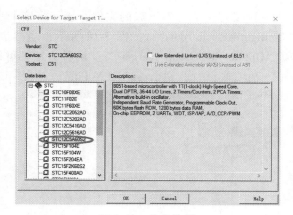

图 3-13　芯片选择

了"STC MCU Database"之后，会出现图 3-13 芯片选择界面（这个选项才可以找到 STC 的芯片），其功能与图 3-8 相同，只是此时已经添加成功了 STC 的芯片组。

单击"STC"，展开列表，选择"STC12C5A60S2"芯片。

4）单击"OK"后会出现图 3-14 所示对话框，在进行 C 语言编程时，一定要注意选择"是"，否则程序有可能无法正常编译。在进行汇编程序的编译里，选择"否"即可。

5）工程建立完毕，开始程序的编写，单击新建按钮，如图 3-15 所示。

图 3-14　将启动文件加入工程文件夹

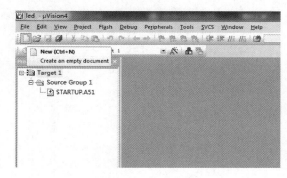

图 3-15　新建文件

6）新建之后保存该文件，选择保存路径，此时一定要根据所选用编程语言在文件名后手动输入文件扩展名".asm"（汇编语言）或".c"（C 语言）。以 C 语言程序为例，保存界面如图 3-16 所示。

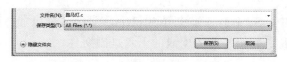

图 3-16　保存文件

7）将生成的文件添加到工程内，在左边工程框内的"Source Group1"处双击文件夹图标或右键选择"Add Files to Group′Source Group1′"，如图 3-17 所示，选择刚才保存的 C 语言程序文件或汇编语言程序文件。

注意：一定要养成先将程序文件添加到"Source Group"的习惯，否则编译时会有警告。

8）要想生成能够下载的文件，接下来这个步骤一定不能少。选择菜单命令"Flash"→"Configure Flash Tools"，如图3-18所示；当然也可以右击图3-15中"Target 1"，选择第一项"Options for Group 'Target1'"。两种方法都可以打开图3-19所示属性对话框，单击"Output"选项卡，勾选"Create HEX File"。

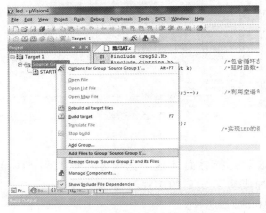

图 3-17　将程序文件添加进工程

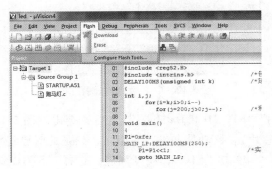

图 3-18　对文件进行配置

9）在程序界面内，输入目标程序，程序输入完整后，单击"Build"按钮或按下"F7"快捷键，对程序进行编译，如图3-20所示。

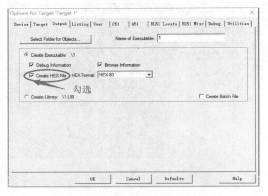

图 3-19　选择输出 HEX 文件

图 3-20　编译输入的程序

10）如果输入的程序没有语法错误，会在程序下方出现图3-21所示提示框，此时可以在保存路径下找到生成的十六进制文件，即图3-19设置生成的HEX文件，并将其下载到仿真软件中或直接通过STC-ISP软件下载到单片机中。文件名可以通过图3-21提示"Creating hex file from"led""获得，"led"即为生成的十六进制文件。

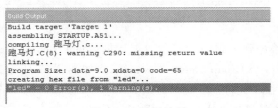

图 3-21　编译结果

任务2 五角星点亮设计

任务要求

通过编译软件，实现用单片机的P1口控制发光二极管的亮、灭状态。本任务的目的是通过P1口控制8个发光二极管，使其依次点亮，模拟实现点亮五角星的效果。

要点分析

正确理解发光二极管亮灭控制的原理，掌握发光二极管初始状态的控制，正确运用位移语句，使发光二极管逐个点亮并延时。

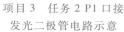

项目3 任务2 P1口接发光二极管电路示意

学习要点

3.2.1 关于P1口

在上一项目中分析过，P1口是单功能的8位并行I/O口，电路结构示意图如图3-22所示，仅可作通用I/O口使用。P1口每一位均具有完全相同但又相互独立的电路结构。在上个项目设计的开发板中，P1的8个引脚P1.7~P1.0分别接入8个LED（发光二极管），由于任务设计的需要，均接入黄色。根据电路分析，发光二极管的两端，一端接电源，另一端接限流电阻，此时，若要发光二极管发光，即要令其导通，由于发光二极管具有单向导电性，所以P1口的输出必须是低电平，也就是说，P1口输出数据为0。

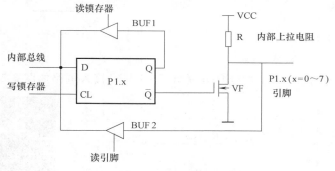

图3-22 P1口位电路结构示意图

3.2.2 延时子程序的编写

要掌握延时时间，首先要弄明白振荡周期与机器周期两个概念。

振荡周期与晶振频率成倒数关系，例如12MHz的晶振，它的振荡周期就是$\frac{1}{12}\mu s$。

机器周期包括12个振荡周期，可见，对于12MHz的晶振，其机器周期正好为$1\mu s$。

由于电路选择了11.0592MHz的晶振，以近似12MHz计算，则其机器周期约为$1\mu s$。依照程序执行时间计算，人眼无法分辨出发光二极管的点亮时间，所以需要编写延时子程序来观察效果。延时时间的计算在任务中详述。

任务实施

3.2.3 任务实施步骤

1. 流程图设计

根据任务要求，实现点亮五角星的第一件事就是让第一颗灯点亮，经过固定的延时时间，点亮第二颗灯，并依次点亮 8 颗灯，实现点亮五角星效果。其设计流程如图 3-23 所示。

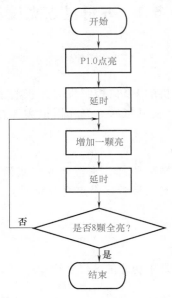

图 3-23 点亮五角星设计流程图

2. 电路选择

在设计时将 LED 分配给了 P1 口，接入电路如图 3-24 所示，电路实物如图 3-25 所示。

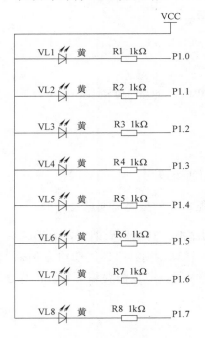

图 3-24 P1 口接入电路

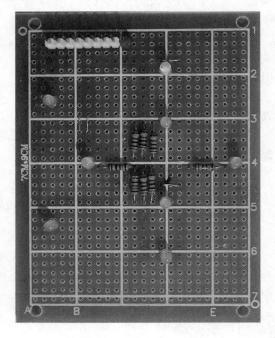

图 3-25 电路实物

3. 源程序及知识点解析

汇编语言相关指令见表 3-1。

表 3-1　汇编语言相关指令

指令类别	指令格式	指 令 应 用
累加器 A 作目的操作数	MOV　A,#data	将数据 data 送到累加器 A
	MOV　A,direct	将 direct 地址里的数据送到累加器 A
	MOV　A,Rn	将 Rn 里的数据送到累加器 A
	MOV　A,@Ri	将以 Ri 的数据作为地址的数据送到累加器 A
直接地址作目的操作数	MOV　direct,#data	将数据 data 送到 direct 地址中
	MOV　direct,A	将累加器 A 里的数据送到 direct 地址中
	MOV　direct1,direct2	将 direct2 地址里的数据送到 direct1 地址中
	MOV　direct,Rn	将 Rn 里的数据送到 direct 地址中
	MOV　direct,@Ri	将以 Ri 的数据作为地址的数据送到 direct 地址中
寄存器作目的操作数	MOV　Rn,#data	将数据 data 送到寄存器 Rn(0~7)
	MOV　Rn,A	将累加器 A 里的数据送到寄存器 Rn(0~7)
	MOV　Rn,direct	将 direct 地址里的数据送到寄存器 Rn(0~7)
移位指令	RL　A	循环左移　└ Acc.7←⋯←Acc.0 ┘
	RLC A	带进位循环左移　CY←Acc.7←⋯←Acc.0
	RR　A	循环右移　┌ Acc.7→⋯→Acc.0 ┐
	RRC A	带进位循环右移　CY→Acc.7→⋯→Acc.0→
清零指令	ZCLR A	将累加器 A 的内容变为 0
	CLR C	将 CY 内容变为 0
调用指令	ACALL addr11	子程序调用,地址范围:0000H~07FFH
	LCALL addr16	子程序调用,地址范围:0000H~FFFFH
无条件转移指令	SJMP rel	8 位地址内跳转,-80H(-128)~7FH(127)
	AJMP addr11	11 位地址内跳转,0000H~07FFH
	LJMP addr16	16 位地址内跳转,0000H~FFFFH
减 1 不为零转移指令	DJNZ Rn,rel	Rn=Rn-1,若 Rn≠0,则跳转到指定地址,否则顺序执行
	DJNZ direct,rel	(direct)=(direct)-1,若(direct)≠0,则跳转到指定地址,否则顺序执行
返回指令	RET	子程序返回
伪指令	END	程序结束(每个程序有且仅有一个)

　　确定了电路,知道了输出端口,根据电路分析,如果要 LED 亮,则 P1 口要输出低电平,编写程序如下。

（1）汇编语言源程序

```
MAIN:          MOV  P1, #0FEH          ;初始点亮 LED1
               MOV  R7, #0FEH          ;保存 P1
MAIN_LP:       LCALL DELAY100MS        ;延时
               MOV  A,R7
               CLR  C
               RLC  A                  ;循环移位
               MOV  R7,A               ;保存到 R7
               MOV  P1,A               ;点亮下一个 LED
               AJMP MAIN_LP            ;不停循环
DELAY100MS:    MOV  R6,#200            ;执行需 1 个机器周期
```

```
D1:        MOV  R5,#250              ;执行需 1 个机器周期
           DJNZ R5,$                 ;执行需 2 个机器周期
           DJNZ R6,D1                ;执行需 2 个机器周期
           RET
           END
```

DELAY100MS 程序的延时时间究竟是多长呢？通过语句的机器周期计算其执行时间，查附录 A 单片机汇编语言指令表，可知"MOV Rn，#data"执行 1 次的时间为 1 个机器周期，"DJNZ Rn，direct"执行 1 次的时间为 2 个机器周期，则如下方框所标，将子程序分为两重循环，浅色框执行次数由 R6 所决定，深色框执行次数由 R5 所决定：

```
DELAY100MS:  MOV  R6,#200            ;执行需 1 个机器周期

     D1:       MOV R5,#250           ;执行需 1 个机器周期
               DJNZ  R5,$            ;执行需 2 个机器周期
               DJNZ  R6,D1           ;执行需 2 个机器周期

               RET                   ;执行需 1 个机器周期
```

而执行一次浅色框的时间按顺序为 $1\mu s+250\times 2\times 1\mu s+2\times 1\mu s$，所以总的执行时间为

$$1\mu s+200\times(1+250\times 2\times 1+2\times 1)\mu s+1\mu s=100602\mu s$$

可以看出，对于 12MHz 晶振，该子程序中时间的大概计算方法为

$$2\mu s\times 200\times 250=100000\mu s。$$

在粗略计算时，对于人感觉无法清晰识别的 $602\mu s$ 可以忽略。

（2）C 语言源程序

```
#include <reg52.h>              //如果用 STC12C5A60S2 单片机可直接使用 STC 头文件
#include <intrins.h>            //包含循环左移函数的头文件
/*延时函数,含参数 k 毫秒*/
DELAY(unsigned int k)
{
int i,j;
    for(i=k;i>0;i--)
      for(j=110;j>0;j--);  //利用空语句来达到延时效果
}
void main()
{
P1=0xfe;                    //点亮 P1.0 的灯
while(1)
{
DELAY(100);                 //延时 100ms
    P1=P1<<1;               //实现 LED 的循环左移 1 位
   }
}
```

4. 调试程序需要注意的问题

1）应避免延时子程序时间计算错误导致死循环，程序不执行下一个状态。

2）应避免对电路不熟悉，导致控制并行口出错，使对发光二极管的控制指令传送到 P2

或 P0 口，导致发光二极管没有反应。

3）应避免延时的时间过短，避免很快就看到 LED 全亮。有两个方法可以解决这个问题，其一，修改延时子程序，使其足够长；其二，使程序循环了 8 颗 LED 后从亮一颗灯开始重新循环。

4）在用 Keil 调试汇编程序的时候，需要把 Source Group 组下面的 Startup. A51 右键删掉。或者在新建工程（图 3-14）的时候，选择"否"。

5）在汇编语言程序中，注释用"；"半角的分号；而在 C 语言程序中，注释用"//"或"/*　*/"。

5. 提高任务

（1）流水灯

1）要求：利用 P1 口的 8 个端口，控制 8 个发光二极管依次点亮一颗。

2）提示：与点亮五角星不同的是，流水灯每次只亮一颗，但是在汇编语言语句处理的时候仅仅是一个移位语句的区别而已，在汇编语言中，前者用的是 RLC 或 RRC，后者用的是 RL 或 RR；在 C 语言中，前者用的是"<<"或">>"（因为是运算符，可不用头文件"intrins. h"），后者用的是函数"_ crol_ "或"_ cror_ "。

（2）彩灯花样点亮

1）要求：利用 P1 口的 8 个端口，控制 8 个发光二极管缩展式点亮，如最初亮两头红灯，然后每次共增加相邻 2 个，直至全亮；接着再从中间每次灭两颗，直至全灭，如图 3-26 所示（○代表灯熄灭；●代表灯点亮）。

2）提示：本任务既要用到左移，也要用到右移，同时还需要掌握逻辑指令的使用。逻辑运算指令见表 3-2。

表 3-2　逻辑运算指令表

指令类别	指令格式	指令应用
逻辑与指令	ANL　A,#data	将数据 data 与累加器 A 中的数据相与存在 A 中
	ANL　A,direct	将 direct 地址里的数据与累加器 A 中的数据相与存在 A 中
	ANL　A,Rn	将 Rn 里的数据与累加器 A 中的数据相与存在 A 中
	ANL　A,@ Ri	将以 Ri 的数据作为地址的数据与累加器 A 中的数据相与存在 A 中
	ANL　direct,A	将累加器 A 中的数据与 direct 地址里的数据相与存在 direct 地址里
	ANL　direct,#data	将数据 data 与 direct 地址里的数据相与存在 direct 地址里

流程图提示如图 3-27 所示。

图 3-26　彩灯花样点亮

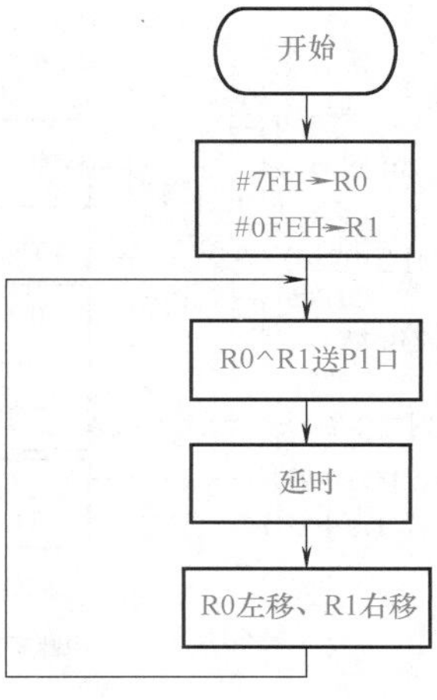

图 3-27　彩灯花样点亮流程提示

任务 3　交通灯设计

任务要求

通过单片机的 P1 口控制三种颜色的发光二极管，实现交通灯正常的红、黄、绿灯转换，以及在紧急状态下特定方向的绿灯通行控制。本任务的目的是更加熟练使用 P1 口控制发光二极管，掌握中断的使用，模拟交通灯的效果。

要点分析

正确定义发光二极管，控制正常的红绿灯转换，使用外部中断，分别控制两个方向通行设置。

学习要点

3.3.1　中断概念

中断，是指 CPU 在执行程序的过程中，又发生了突发事件，请求 CPU 及时处理；CPU 中断当前正在执行的程序转而处理突发事件，直至处理结束，返回 CPU 中断的位置继续执行原程序。中断的实现如图 3-28 所示。

3.3.2　中断系统

实现中断功能的部件称为中断系统。AT89S51 单片机有三类共 5 个中断源，分别是：外部中断两个、定时器中断两个和串行中断一个。中断具有两个优先级，其中断系统的结构示意图如图 3-29 所示。

STC12C5A60S2 单片机提供了 10 个中断源，除了 AT89S51 单片机所具有的 5 个中断源，还有 A-D 转换中断、

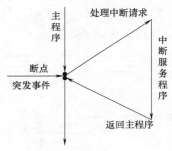

图 3-28　中断的实现

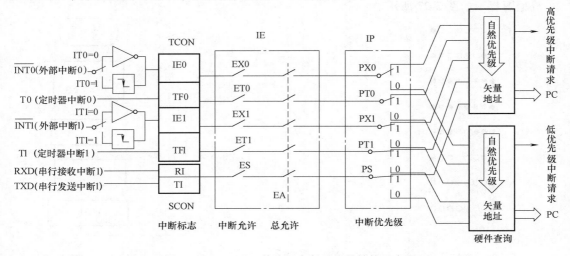

图 3-29　AT89S51 单片机中断系统的结构示意图

低电压检测（LVD）中断、PCA 中断、串行 2 中断及 SPI 中断。所有的中断都具有 4 个中断优先级。其中断系统的结构示意图如图 3-30 所示。

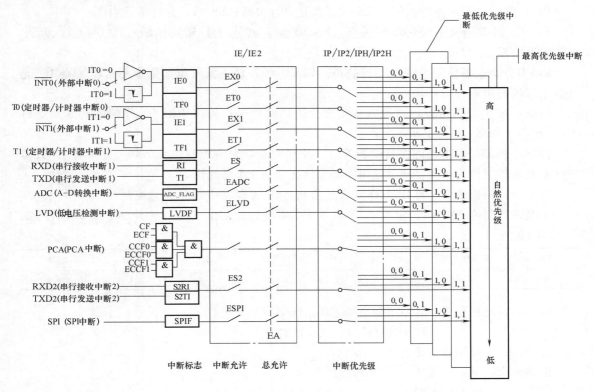

图 3-30 STC12C5A60S2 单片机中断系统的结构示意图

外部中断，顾名思义是由外部原因引起的中断，共有两个中断源，分别是外部中断 0 和外部中断 1。它们的中断请求信号分别由引脚 P3.2 和 P3.3 触发；外部中断请求信号有两种：低电平有效方式和脉冲后沿负跳有效方式，而且两种芯片对于外部中断的工作方式完全相同。

（1）中断的开放和禁止 中断允许控制寄存器 IE 地址为 0A8H，位地址为 0AFH～0A8H，其作用是对各中断源进行开放或禁止的控制，各位定义见表 3-3（与前一项目所标示相同，灰色底色为 STC12C5A60S2 所有，AT89S51 所没有的。后面的项目将不再另作说明）。

表 3-3 中断允许控制寄存器 IE 各位定义

IE	D7	D6	D5	D4	D3	D2	D1	D0
位符号	EA	ELVD	EADC	ES	ET1	EX1	ET0	EX0
位地址	AF	AE	AD	AC	AB	AA	A9	A8

EA：中断允许总控制位。EA=0：中断总禁止，禁止所有中断；EA=1：中断总允许。

EX0（EX1）：外部中断允许控制位。EX0（EX1）=0，禁止外部中断；EX0（EX1）=1，允许外部中断。

ET0（ET1）：定时器/计数器中断允许控制位。ET0（ET1）=0，禁止定时器/计数器中断；ET0（ET1）=1，允许定时器/计数器中断。

ES：串行中断允许控制位 。ES=0，禁止串行中断；ES=1，允许串行中断。

EADC：A-D 转换中断允许控制位。EADC=0，禁止 A-D 转换中断；EADC=1，允许 A-D 转换中断。

ELVD：低电压检测中断允许控制位。ELVD=0，禁止低电压检测中断；ELVD=1，允许低电压检测中断。

举例：IE 的设置可以用两种方法实现，例如设置允许外部中断 1、外部中断 0 和定时器/计数器中断 0，其他中断不允许。

分析：外部中断 1 允许控制位为 EX1，外部中断 0 允许控制位为 EX0，定时器/计数器中断 0 允许控制位为 ET0，同时任何中断允许必须有 EA 总允许。

方法一：根据表 3-3 的 IE 寄存器设置实现。IE 寄存器中断允许总控制位 EA=1，外部中断 1 允许控制位 EX1=1，定时器/计数器中断 0 允许控制位 ET0=1，外部中断 0 允许控制位 EX0=1，得：

EA	ELVD	EADC	ES	ET1	EX1	ET0	EX0
1	0	0	0	0	1	1	1

所以，实现指令为：MOV IE，#87H（汇编语言）

IE=0x87；　　　（C 语言）

方法二：直接用位指令实现。

汇编语言：SETB E A　　C 语言：EA=1；
　　　　　SETB EX1　　　　　　EX1=1；
　　　　　SETB EX0　　　　　　EX0=1；
　　　　　SETB ET0　　　　　　ET0=1；

由于 STC12C5A60S2 有 10 个中断，而一个中断允许控制寄存器明显是不能完全表示的，所以还有另一个中断允许控制寄存器 IE2，见表 3-4，地址为 0AFH。使用方法与 IE 相同。

表 3-4　中断允许控制寄存器 IE2

IE2	D7	D6	D5	D4	D3	D2	D1	D0
位符号	—	—	—	—	—	—	ESPI	ES2

ES2：串行中断 2 允许控制位。ES2=0，禁止串行中断 2；ES2=1，允许串行中断 2。

ESPI：SPI 中断允许控制位。ESPI=0，禁止 SPI 中断；ESPI=1，允许 SPI 中断。

（2）中断优先级设置　中断优先级低字节控制寄存器 IP 各位定义见表 3-5，地址为 0B8H，位地址为 0BFH~0B8H，各位定义如下：

表 3-5　中断优先级低字节控制寄存器 IP

IP	D7	D6	D5	D4	D3	D2	D1	D0
位符号	PPCA	PLVD	PADC	PS	PT1	PX1	PT0	PX0
位地址	BF	BE	BD	BC	BB	BA	B9	B8

PX0：外部中断 0 优先级设定位。

PT0：定时器中断 0 优先级设定位。

PX1：外部中断 1 优先级设定位。

PT1：定时器中断 1 优先级设定位。

PS：串行中断优先级设定位。

PADC：A-D 转换中断优先级设定位。

PLVD：低电压检测中断优先级设定位。

PPCA：PCA 中断优先级设定位。

对于传统 8051，当各位为 0 时优先级为低，为 1 时优先级为高。

中断优先级是为中断嵌套服务的，51 中断优先级的控制原则是：

1）低优先级中断请求不能打断高优先级的中断服务；但高优先级中断请求可以打断低优先级的中断服务，从而实现中断嵌套。

2）如果任何一个中断请求已被响应（无论其是高级还是低级），则系统不会响应同级的其他中断。

3）如果同级的多个中断请求同时出现，则按 CPU 查询次序确定哪个中断请求被响应。其查询次序为：外部中断 0→定时器/计数器中断 0→外部中断 1→定时器/计数器中断 1→串行中断→A-D 转换中断→低电压检测中断→PCA 中断→串行中断 2→SPI 中断。

当使用 C 语言编程时，中断查询次序号就是中断号，中断程序名可以自己命名，不是固定的，如：

```
void int_0(void)      interrupt 0      //外部中断 0
void time_0(void)     interrupt 1      //定时器中断 0
void int_1(void)      interrupt 2      //外部中断 1
void time_1(void)     interrupt 3      //定时器中断 1
void uart_1(void)     interrupt 4      //串行中断
void int_adc(void)    interrupt 5
void int_lvd(void)    interrupt 6
void int_PCA(void)    interrupt 7
void uart_2(void)     interrupt 8
void int_SPI(void)    interrupt 9
```

前面提到过 STC12C5A60S2 单片机有 10 个中断，有 4 级优先级，所以需要 4 个中断优先级控制寄存器才能完全分配。分别是：IP（0B8H）、IP2（0B5H）、IPH（0B7H）、IP2H（0B6H）（习惯上通常用 H 表示高位，L 表示低位）。它们必须是成对出现的，如 IPH/IP、IP2H/IP2。

1）IPH：中断优先级高字节控制寄存器（不可位寻址），其位定义见表 3-6。

表 3-6　中断优先级高字节控制寄存器 IPH 位定义

IPH	D7	D6	D5	D4	D3	D2	D1	D0
位符号	PPCAH	PLVDH	PADCH	PSH	PT1H	PX1H	PT0H	PX0H

PX0H、PX0——外部中断 0 优先级设定位。其设定值见表 3-7。

PT0H、PT0——定时器/计时器 0 中断优先级设定位。其设定值见表 3-8。

表 3-7　外部中断 0 优先级设定

PX0H	PX0	功　能
0	0	外部中断 0 最低优先级中断(优先级 0)
0	1	外部中断 0 较低优先级中断(优先级 1)
1	0	外部中断 0 较高优先级中断(优先级 2)
1	1	外部中断 0 最高优先级中断(优先级 3)

表 3-8　定时器/计时器 0 中断优先级设定

PT0H	PT0	功能
0	0	定时器/计时器 0 中断最低优先级中断(优先级 0)
0	1	定时器/计时器 0 中断较低优先级中断(优先级 1)
1	0	定时器/计时器 0 中断较高优先级中断(优先级 2)
1	1	定时器/计时器 0 中断最高优先级中断(优先级 3)

PX1H、PX1——外部中断 1 优先级设定位。其设定值见表 3-9。

表 3-9　外部中断 1 优先级设定

PX1H	PX1	功　能
0	0	外部中断 1 最低优先级中断(优先级 0)
0	1	外部中断 1 较低优先级中断(优先级 1)
1	0	外部中断 1 较高优先级中断(优先级 2)
1	1	外部中断 1 最高优先级中断(优先级 3)

PT1H、PT1——定时器/计时器 1 中断优先级设定位。其设定值见表 3-10。

表 3-10　定时器/计时器 1 中断优先级设定

PT1H	PT1	功能
0	0	定时器/计时器 1 中断最低优先级中断(优先级 0)
0	1	定时器/计时器 1 中断较低优先级中断(优先级 1)
1	0	定时器/计时器 1 中断较高优先级中断(优先级 2)
1	1	定时器/计时器 1 中断最高优先级中断(优先级 3)

PSH、PS——串行口 1 中断优先级设定位。其设定值见表 3-11。

表 3-11　串行口 1 中断优先级设定

PSH	PS	功能
0	0	串行口 1 中断最低优先级中断(优先级 0)
0	1	串行口 1 中断较低优先级中断(优先级 1)
1	0	串行口 1 中断较高优先级中断(优先级 2)
1	1	串行口 1 中断最高优先级中断(优先级 3)

PADCH、PADC——A-D 转换中断优先级设定位。其设定值见表 3-12。

表 3-12 A-D 转换中断优先级设定

PADCH	PADC	功能
0	0	A-D 转换中断最低优先级中断(优先级 0)
0	1	A-D 转换中断较低优先级中断(优先级 1)
1	0	A-D 转换中断较高优先级中断(优先级 2)
1	1	A-D 转换中断最高优先级中断(优先级 3)

PLVDH、PLVD——低电压检测中断优先级设定位。其设定值见表 3-13。

表 3-13 低电压检测中断优先级设定

PLVDH	PLVD	功 能
0	0	低电压检测中断最低优先级中断(优先级 0)
0	1	低电压检测中断较低优先级中断(优先级 1)
1	0	低电压检测中断较高优先级中断(优先级 2)
1	1	低电压检测中断最高优先级中断(优先级 3)

PPCAH、PPCA——PCA 中断优先级设定位。其设定值见表 3-14。

表 3-14 PCA 中断优先级设定

PPCAH	PPCA	功 能
0	0	PCA 中断最低优先级中断(优先级 0)
0	1	PCA 中断较低优先级中断(优先级 1)
1	0	PCA 中断较高优先级中断(优先级 2)
1	1	PCA 中断最高优先级中断(优先级 3)

2）IP2H：第二中断优先级高字节控制寄存器（不可位寻址），其位定义见表 3-15。

表 3-15 第二中断优先级高字节控制寄存器 IP2H 位定义

IP2H	D7	D6	D5	D4	D3	D2	D1	D0
位符号	—	—	—	—	—	—	PSPIH	PS2H

3）IP2：第二中断优先级低字节控制寄存器（不可位寻址），其位定义见表 3-16。

表 3-16 第二中断优先级低字节控制寄存器 IP2 位定义

IP2	D7	D6	D5	D4	D3	D2	D1	D0
位符号	—	—	—	—	—	—	PSPI	PS2

PSPIH、PSPI——SPI 中断优先级设定位。其设定值见表 3-17。

表 3-17 SPI 中断优先级设定

PSPIH	PSPI	功能
0	0	SPI 中断最低优先级中断(优先级 0)
0	1	SPI 中断较低优先级中断(优先级 1)
1	0	SPI 中断较高优先级中断(优先级 2)
1	1	SPI 中断最高优先级中断(优先级 3)

PS2H、PS2——串行口 2 中断优先级设定位。其设定值见表 3-18。

表 3-18　串行口 2 中断优先级设定

PS2H	PS2	功能
0	0	串行口 2 中断最低优先级中断(优先级 0)
0	1	串行口 2 中断较低优先级中断(优先级 1)
1	0	串行口 2 中断较高优先级中断(优先级 2)
1	1	串行口 2 中断最高优先级中断(优先级 3)

 任务实施

3.3.3　任务实施步骤

1. 流程图设计

根据以上交通灯的正常工作需要，先设计流程图如图 3-31、图 3-32 所示。

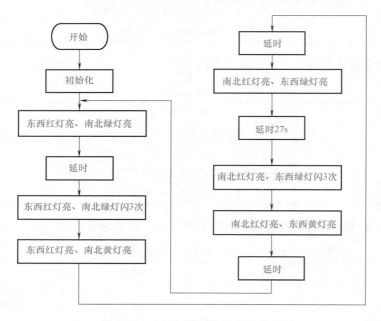
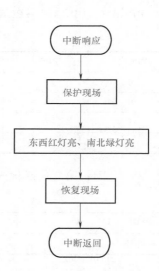

图 3-31　交通灯控制主程序流程图　　　　　图 3-32　中断服务子程序流程图

2. 电路选择

本任务开发板电路实物如图 3-33 所示。

图 3-33　本任务开发板电路实物

3. 源程序及知识点解析

相关指令表见表3-19。

表3-19 相关指令表

指令类别	指令格式	指令应用
位条件转移	JB bit,rel	若bit=1则跳转到指定地址,否则顺序执行
	JNB bit,rel	若bit=0则跳转到指定地址,否则顺序执行
	JBC bit,rel	若bit=1则跳转到指定地址,同时使bit=0,否则顺序执行
位变量修改指令	CPL C CPL bit	CY位取反 bit位取反,结果不影响CY
	CLR C CLR bit	CY位清零 bit位清零,结果不影响CY
	SETB C SETB bit	CY位置1 bit位置1,结果不影响CY
返回指令	RETI	中断子程序返回
伪指令	ORG	定义地址
空操作	NOP	空操作,消耗1个机器周期

（1）汇编语言源程序

```
;==============IO口定义====================
;P1.0:东西红灯（低电平有效）
;P1.1:东西黄灯（低电平有效）
;P1.2:东西绿灯（低电平有效）
;P1.7:南北红灯（低电平有效）
;P1.6:南北黄灯（低电平有效）
;P1.5:南北绿灯（低电平有效）
;==================================
    ORG         0000H
    AJMP        START
    ORG         0003H
    AJMP        INT_EX0          ;外部中断0入口
    ORG         0013H
    AJMP        INT_EX1          ;外部中断1入口
    ORG         0030H
    START:MOV   P1,#0FFH         ;初始I/O口
    MOV         SP,#30H          ;定义堆栈指针起始地址
    CLR         IT0              ;都设为电平触发方式
    CLR         IT1
;==================================
    SETB        EX0              ;允许外部中断
    SETB        EX1
;==================================
```

```
        SETB       EA                              ;开全局中断
;===============================================
LOOP:MOV        R4,#3                           ;南北闪黄灯次数
     MOV        R5,#3                           ;东西闪黄灯次数
     MOV        P1,#0DEH                        ;东西红灯亮、南北绿灯亮
   ACALL        DLY_5S
  EW_Y: MOV     P1,#0FEH                        ;东西红灯亮、南北黄灯灭
       ACALL    DLY_500mS
       MOV      P1,#0BEH                        ;东西红灯亮、南北黄灯亮
       ACALL    DLY_500mS
       DJNZ     R4,EW_Y                         ;判断是否够3次
     ;===============================================
       MOV      P1,#7BH                         ;东西绿灯亮、南北红灯亮
       ACALL    DLY_5S
  SN_Y: MOV     P1,#7FH                         ;东西黄灯灭、南北红灯亮
       ACALL    DLY_500mS
       MOV      P1,#7DH
       ACALL    DLY_500mS
       DJNZ     R5,SN_Y
       AJMP     LOOP
     ;===============================================
INT_EX0:                                        ;外部中断0子程序
     ;===============================================
     PUSH       PSW
     PUSH       P1
     PUSH       01H                             ;延时中R1入栈
     PUSH       02H                             ;延时中R2入栈
     PUSH       03H                             ;延时中R3入栈
     PUSH       04H                             ;南北次数入栈
     PUSH       05H                             ;东西次数入栈
     MOV        P1,#0DEH                        ;东西红灯亮、南北绿灯亮
     POP        05H
     POP        04H
     POP        03H
     POP        02H
     POP        01H
     POP        P1
     POP        PSW
     RETI
     ;===============================================
INT_EX1:                                        ;外部中断1子程序
     ;===============================================
     PUSH       PSW
```

```
      PUSH          P1
      PUSH          01H                    ;R1 入栈
      PUSH          02H                    ;R2 入栈
      PUSH          03H                    ;R3 入栈
      PUSH          04H                    ;南北次数入栈
      PUSH          05H                    ;东西次数入栈
      MOV           P1,#7BH                ;东西绿灯亮、南北红灯亮
      POP           05H
      POP           04H
      POP           03H
      POP           02H
      POP           01H
      POP           P1
      POP           PSW
      RETI
      ;==============================================
DLY_500mS:          ;500ms 延时子程序
      ;==============================================
      MOV           R1,#10
 D1:MOV             R2,#93
 D2:MOV             R3,#254
 D3:DJNZ            R3,D3
      DJNZ          R2,D2
      DJNZ          R1,D1
      RET
      ;==============================================
DLY_5S:                                    ;5s 延时子程序
      ;==============================================
      MOV           R1,#105
D11: MOV            R2,#93
D12: MOV            R3,#254
D13: DJNZ           R3,D13
      DJNZ          R2,D12
      DJNZ          R1,D11
      RET
      END
```

含外部中断服务子程序的程序设计必需的 4 个部分：

1）设置中断入口地址：ORG 0003H（ORG 0013H）。

2）允许中断：SETB EA；SETB EX0（SETB EX1）。

3）中断服务子程序：保护现场（PUSH）、恢复现场（POP）。

4）中断服务子程序返回：RETI。

（2）C 语言源程序

```
/ ********************************************* /
/ ***** P1.7 ~ P1.5 代表南北方向红、黄、绿 *********** /
/ ***** P1.3 ~ P1.0 代表东西方向绿、黄、红 *********** /
/ ********************************************* /
#include<reg51.h>
#define uchar unsigned char
/ ***************** 延时 i 毫秒 *********************** /
void delay(uchar i)
{
    uchar h,j;
    while(i--)
    {  for(h=0;h<8;h++)
      for(j=0;j<110;j++);
    }
}
/ ***************** 延时 k 秒 *********************** /
void delayxS(uchar k)
{
    uchar m,n;
    k=k*10;
    while(k--)
    {
        for(m=0;m<100;m++)
          for(n=0;n<110;n++);
    }
}
/ **************** 主程序 *********************** /
void main()
{    uchar Time1,Time2;
    EA=1;                 //总允许
    EX0=1;                //开外部中断 0
    EX1=1;                //开外部中断 1
    while(1)
{    Time1=0;   Time2=0;    //黄灯闪的次数
/ ****** 东西红灯,南北绿灯 ******* /
            P1=0xde;
            delayxS(40);

/ **** 东西红灯,南北闪黄灯 3 次 **** /
        while(Time1<3)
        {  Time1++;          //次数加 1,控制闪烁 3 次
            P1=0xbe;          //东西红灯亮,南北黄灯亮
            delay(50);        //亮 0.5s
```

```
        P1＝0xfe;              //东西红灯亮,南北黄灯灭
        delay(50);            //亮0.5s
    }
/****** 东西绿灯,南北红灯 *******/
        P1＝0x7b;
        delayxS(40);

/**** 东西闪黄灯3次,南北红灯 ****/
    while(Time2<3)
    {   Time2++;              //次数加1,控制闪烁3次
        P1＝0x7d;             //南北红灯亮,东西黄灯亮
        delay(50);            //亮0.5s
        P1＝0x7f;             //南北红灯亮,东西黄灯灭
        delay(50);            //亮0.5s
    }
}}
    /**** 外部中断0 东西红灯,南北绿灯 ****/
void int0(void) interrupt 0
{
P1＝0x7b;
}
    /**** 外部中断1 东西绿灯,南北红灯 ****/
void int1(void) interrupt 2
{
P1＝0xde;
}
```

4. 调试程序需要注意的问题

1）在汇编语言编程时，保护现场时，R0~R7的出入栈不能直接用寄存器名，而要用其地址00H~07H，累加器的保护亦是如此，必须用"PUSH ACC"，而不用"PUSH A"。

2）在汇编语言编程中断返回时，必须用RETI指令返回，而不能用RET。

3）在汇编语言中，保护现场时，切记入栈的顺序与出栈的顺序是对称的，符合堆栈先入后出的原则。

4）在使用C语言编程时，要注意中断号的对应。

项 目 小 结

本项目主要以并行口接入LED为对象，采用延时子程序作为LED点亮时间控制。对于延时时间，主要要弄清楚电路板所采用的晶振频率，由于一个机器周期包括12个振荡周期，所以12MHz的晶振机器周期正好是1μs。

在任务3中主要掌握中断的用法。要使用中断，无论是汇编语言程序还是C语言程序，一定要注明申请的中断：汇编语言要注明中断的入口地址；C语言程序要注明中断号。中断

的步骤必须包含：①中断允许；②中断服务程序。

练 习 三

一、填空题

1. 若采用 12MHz 的晶振，则 AT89S51 单片机的振荡周期为_____，机器周期为_____。

2. AT89S51 单片机的外部中断有两种触发方式，分别是电平触发方式和_____触发方式。在电平触发方式下，当采集到 INT0、INT1 的有效信号为_____时，激活外部中断。

3. 一个 AT89S51 单片机系统，要求允许外部中断和允许定时器/计时器 0 中断，其他中断禁止，则 IE 寄存器可设定为 IE =_____。IE 寄存器的格式为：

EA	—	—	ES	ET1	EX1	ET0	EX0

4. 51 单片机在响应中断后，CPU 能自动撤除中断请求的中断源有_____。

5. AT89S51 单片机有_____个用户中断源，其中定时器/计时器 1 的中断入口地址为_____，外部中断 0 的中断入口地址为_____。

6. 已知 AT89S51 单片机的中断优先级低字节控制寄存器 IP 的格式为：

—	—	—	PS	PT1	PX1	PT0	PX0

当 IP = 12H 时，_____中断的优先级最高。

7. 已知 AT89S51 单片机的中断优先级低字节控制寄存器 IP 的格式为：

—	—	—	PS	PT1	PX1	PT0	PX0

默认情况下，各中断寄存器有一个优先级顺序，此时优先级最高的是_____，最低的是_____。

二、判断题

（   ）1. 单片机中断系统中，只要有中断源申请中断就可中断了。

（   ）2. 在 AT89S51 单片机中，当同一中断优先级别的外部中断 0 和定时器/计时器 0 同时产生中断信号时，系统会首先响应外部中断 0。

（   ）3. AT89S51 单片机的 5 个中断源优先级相同。

（   ）4. 必须有中断源发出中断请求，并且 CPU 打开中断，CPU 才可能响应中断。

（   ）5. 在使用外部中断时，要把对应中断开关控制位设置为 1。

（   ）6. 单片机外部中断时只能用低电平触发。

（   ）7. 在一般情况下 AT89S51 单片机不允许同级中断嵌套。

三、选择题

1. 能将 A 的内容向左循环移 1 位，第 7 位进入第 0 位的指令是（   ）。

A. RLC A   B. RRC A   C. RR A   D. RL A

2. 可以控制程序转向 64KB 程序存储器地址空间的任何单元的无条件转移指令是（   ）。

A. AJMP addr11   B. LJMP addr16   C. SJMP rel   D. JC rel

3. 51 单片机在同一优先级的中断源同时申请中断时，首先响应（   ）。

A. 外部中断 0   B. 定时器/计时器 0 中断   C. 外部中断 1   D. 定时器/计时器 1 中断

4. 下列说法错误的是（   ）。

A. 同一级别的中断请求按时间的先后顺序响应

B. 同一时间同一级别的多中断请求将形成阻塞，系统无法响应

C. 低优先级中断请求不能中断高优先级中断请求，但是高优先级中断请求能中断低优先级中断请求

D. 同级中断不能嵌套

5. 在 AT89S51 单片机中，需要外加电路实现中断撤除的是（　　）。

A. 定时器/计时器中断　　　　　　　　　　　B. 脉冲方式的外部中断

C. 外部串行中断　　　　　　　　　　　　　　D. 电平方式的外部中断

6. AT89S51 单片机使用晶振频率为 6MHz 时，其机器周期为（　　）。

A. 2μs　　　　　　　B. 4μs　　　　　　　C. 8μs　　　　　　　D. 1ms

7. 边沿触发方式的外部中断信号是（　　）有效。

A. 下降沿　　　　　B. 上升沿　　　　　C. 高电平　　　　　D. 低电平

8. 外部中断请求标志位是（　　）。

A. IT0 和 IT1　　　　　　　　　　　　　　　B. TR0 和 TR1

C. TI 和 RI　　　　　　　　　　　　　　　　D. IE0 和 IE1

9. 如果将中断优先级低字节控制寄存器 IP 设置为 0x0A，则优先级最高的是（　　）。

A. 外部中断 1　　　B. 外部中断 0　　　C. 定时器/计时器 1　　D. 定时器/计时器 0

10. AT89S51 单片机可分为两个中断优先级别，各中断源的优先级别设定是利用寄存器（　　）。

A. IE　　　　　　　B. IP　　　　　　　C. TCON　　　　　　D. SCON

11. 各中断源发出的中断请求信号都会标记在 AT89S51 单片机系统中的（　　）。

A. TMOD　　　　　B. TCON/SCON　　　C. IE　　　　　　　D. IP

12. AT89S51 单片机在同一级别里除串行口外，级别最低的中断源是（　　）。

A. 外部中断 1　　　B. 定时器/计时器 0　　C. 定时器/计时器 1　　D. 串行口

13. 假设 AT89S51 单片机的晶振为 8MHz，则其对应的机器周期为（　　）。

A. 0.5μs　　　　　　B. 1μs　　　　　　　C. 1.5μs　　　　　　D. 2μs

四、修改程序错误

题目要求：控制发光二极管全灭全亮，延时时间约为 1ms。从以下程序中找出有错的语句。

```
        ORG 0000H
TT:     MOV     P1,#0FFH
        LCALL   D1
        MOV     P3,#00H
        LCALL   D2
        AJMP    MAIN
D1:MOV  R6,#30
D2:MOV  R5,#10H
        DJNZ    R6,D2
        DJNZ    R5,D1
        END
```

五、简答题

1. AT89S51 单片机具有几个中断源？其中哪些中断源可以被定义为高优先级中断，如何定义？STC12C5A60S2 单片机有几个中断源？

2. STC12C5A60S2 单片机的中断允许控制寄存器包括哪些中断允许？与 AT89S51 单片机不同的有哪几个？

六、编程题

1. 8 个发光二极管同时亮 2s，灭 1s，反复 5 次。

2. 用 AT89S51 单片机的 P2 口控制 8 个 LED（共阳极接法）依次右移 1 位点亮（亮 200ms）。即 P2.7 亮→P2.6 亮→……→P2.1→P2.0 亮→P2.7 亮→P2.6 亮……重复循环。

3. 利用 AT89S51 的 P1 口控制 8 个发光二极管 LED。相邻的 4 个 LED 为一组，使两组每隔 0.5s 交替发亮一次，周而复始。画出电路图（含最小应用系统及与外设的连接图）并编写程序。

4. 编制一个循环闪烁的程序。有 8 个发光二极管，每次其中某个灯闪烁点亮 10 次后，转到下一个闪烁 10 次，循环不止。画出电路图。

5. 要求设计实现一个花样流水灯。假设硬件电路有八个发光二极管且接于 51 单片机的 P0 口，高电平点亮，要求每间隔 1s 按 00H、81H、42H、24H、18H、C3H、E7H、FFH 的数据形式点亮流水灯。并在图 3-34 中将一个循环周期的流水花样用笔描绘出来，图中白色圆圈代表灯灭，涂黑代表灯亮。请编程实现。

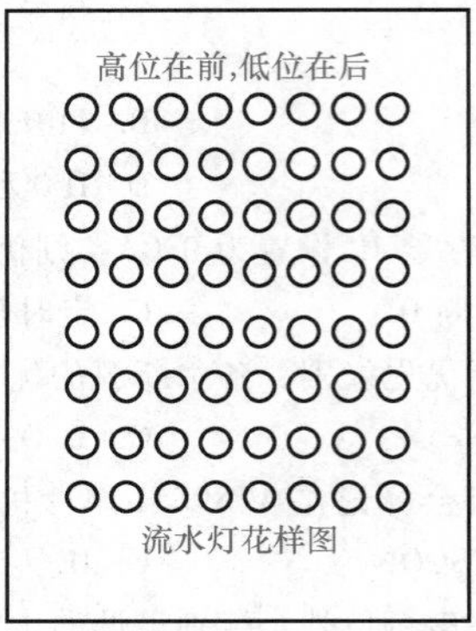

图 3-34 题 5 图

项目4　报警系统设计

学习要求

1）熟悉单片机的结构。

2）熟练使用 I/O 口资源。

3）熟练掌握汇编语言的常用指令、C 语言的编程方法。

4）熟练掌握程序设计的基本方法。

5）掌握计算定时器或计数器初值的方法以及对定时器/计数器的初始化。

6）运用中断方式对定时器/计数器进行编程。

7）理解蜂鸣器、定时器/计数器的工作原理，正确控制蜂鸣器。

8）能用蜂鸣器完成单片机演奏音乐的程序设计。

9）增强编程规范意识、职业道德意识。

10）具备多种手段获取信息的能力。

11）强化团队协作意识。

知识点

1）单片机内部结构。

2）元件与并行口控制关系。

3）位操作指令的应用方法。

4）蜂鸣器工作原理。

5）定时器/计数器的工作原理及熟练使用。

6）蜂鸣器播放音乐原理。

任务1　蜂鸣器控制（软件延时）

任务要求

通过编译软件，用软件延时的方法实现单片机的 I/O 口控制蜂鸣器发声。

要点分析

控制蜂鸣器的发声状态，正确运用位操作指令和延时程序，使蜂鸣器发声。

学习要点

4.1.1 蜂鸣器工作原理

蜂鸣器工作原理是电流通过电磁线圈，使电磁线圈产生磁场来驱动振动膜发声，因此需要一定的电流才能驱动它，单片机 I/O 引脚输出的电流较小，单片机输出的 TTL 电平基本上驱动不了蜂鸣器，因此需要增加一个电流放大电路。本任务所用单片机开发板通过一个晶体管来放大驱动蜂鸣器。

4.1.2 单片机对蜂鸣器的控制

蜂鸣器的正极接到晶体管的集电极 C，蜂鸣器的负极接地，晶体管的基极 B 经过限流电阻后由单片机的 P3.7 引脚控制，当 P3.7 输出高电平时，晶体管截止，没有电流流过线圈，蜂鸣器不发声；当 P3.7 输出低电平时，晶体管导通，这样蜂鸣器的电流形成回路，发出声音。因此，我们可以通过程序控制 P3.7 引脚的电平来使蜂鸣器发出声音和关闭。

程序中改变单片机 P3.7 引脚输出波形的频率，就可以调整控制蜂鸣器音调，产生各种不同音色、音调的声音。另外，改变 P3.7 输出电平的高低电平占空比，则可以控制蜂鸣器的声音大小，这些我们都可以通过编程实验来验证。

 任务实施

4.1.3 任务实施步骤

1. 流程图设计

根据任务要求，通过给单片机输出低电平让蜂鸣器响，接着用延时程序控制响的时间，再给蜂鸣器高电平让其不发声，同样使用延时程序来控制时间。通过改变两个延时程序的延时时间即可改变蜂鸣器响的频率。蜂鸣器控制流程如图 4-1 所示。

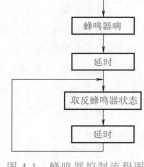

图 4-1　蜂鸣器控制流程图

2. 电路选择

蜂鸣器模块由驱动电路和 kc1206 无源一体蜂鸣器组成。蜂鸣器模块如图 4-2 所示。晶体管选用的是 S8550。开发板电路实物如图 4-3 所示。

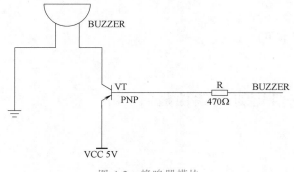

图 4-2　蜂鸣器模块

图 4-3　开发板电路实物

3. 源程序

（1）汇编语言源程序

```
        ORG        0H
```

```
        BEEP        BIT    P3.7
        CLR         P3.7                    ;开蜂鸣器
        ACALL       DELAY
LOOP:   CPL         BEEP                    ;取反蜂鸣器工作状态
        ACALL       DELAY
        AJMP        LOOP
;=========延时==========
DELAY:  MOV         R7, #20
D1:     MOV         R6, #200
D2:     MOV         R5, #250
        DJNZ        R5, $
        DJNZ        R6, D2
        DJNZ        R7, D1
        RET
        END
```

（2）C语言源程序

```
#include <reg51.H>
sbit BEEP=P3^7;              //定义位变量BEEP


/ ************** 延时 **************** /
void  delay(unsigned int k)//软件延时子函数
{
int i,j;
    for(i=k;i>0;i--)        //进行循环操作,以达到延时的效果
        for(j=200;j>0;j--);
}
/ ************* 主函数 **************** /
void  main()                //主函数,程序是在这里运行的
{
  while(1)                  //进入死循环
  {
        BEEP=0;             //蜂鸣器发声
        delay(250);         //延时
        BEEP=1;             //蜂鸣器关闭
        delay(250);         //延时
  }
}
```

4. 知识点解析

（1）对于汇编语言程序

1）采用位操作指令对 P3.7 所控制的蜂鸣器进行操作，即"CLR P3.7"和"CPL P3.7"，其中 CLR 是清零指令，CPL 是取反指令。

2）DELAY 子程序中延时时间（晶振频率取 12MHz）的大概计算方法为

$$1 \mu s \times 20 \times 200 \times 250 \times 2 = 2000000 \mu s = 2s$$

（2）对于 C 语言程序

1）delay 函数主要起到延时的作用，通过 for 循环进行空操作，以达到一定的延时效果。

2）main 函数中的 while（1）实现无限循环，即死循环。

3）BEEP 是通过 sbit 来定义的，即"sbit BEEP = P3^7"，即 BEEP 变量只对 P3.7 所控制的蜂鸣器进行操作。当 BEEP = 0 时，P3 口当前值为 0xxx xxxx，当 BEEP = 1 时，P3 口当前值为 1xxx xxxx，其中 x 表示 0 或 1 值。

5. 提高任务

如何使蜂鸣器发出不同的声音？

分析：sbit 位变量名 = SFR 名称^变量位地址值（P3^7 默认已经在头文件中定义好）。

关于 I/O 口电平的控制，"0"代表输出低电平，"1"代表输出高电平。P3 = 0xFF，即 P3 的 I/O 口全部输出高电平。因为 0xFF（十六进制）= 1111 1111（二进制）。

若要 P3.0 的引脚输出高电平，其余引脚输出低电平，则 P3 = 0x01，因为 0x01 = 0000 0001（二进制）。

若要 P3.0 和 P3.4 的引脚输出高电平，其余引脚输出低电平，则 P3 = 0x11，因为 0x11 = 0001 0001（二进制）。

若要 P3.0 和 P3.3 的引脚输出低电平，其他引脚输出高电平，则 P3 = 0xF6，因为 0xF6 = 1111 0110（二进制）。

根据以上分析，通过蜂鸣器的响与不响也就是"0"与"1"的关系来控制蜂鸣器的不同频率，就可实现蜂鸣器发出不同声音。

任务 2　蜂鸣器控制（定时器控制）

 任务要求

通过编译软件，用定时器的中断方式实现单片机的 I/O 口控制蜂鸣器产生警笛报警声。

 要点分析

控制蜂鸣器的发声状态，正确运用位操作指令、NOP 语句和定时器，使蜂鸣器发声。

 学习要点

定时器/计数器（Timer/Counter）是单片机中最基本的接口之一，它的用途非常广泛，常用于计数，延时，测量周期、频率、脉宽，提供定时脉冲信号等。在实际应用中，对于转速、位移、速度、流量等物理量的测量，通常也是由传感器转换成脉冲电信号，通过使用定时器/计数器来测量其周期或频率，再经过计算处理获得。

相对于延时实现的时间控制，定时器对时间的控制更加精准，对于定时器一般"守时"的观念，也是大学生应该具备的，"守时、守信"不仅局限于工作，更应该延伸到生活中的每一个细节，从身边的小事做起。

4.2.1　结构与功能

1. 主要组成部分

单片机定时器/计数器的结构框图如图 4-4 所示，由振荡器、÷12 电路（即 12 分频电路）、多路转换开关 MUX、16 位的加 1 计数器 T0（TH0，TL0）和 16 位的 T1（TH1，TL1）寄存器组成。

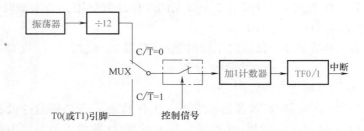

图 4-4　单片机定时器/计数器的结构框图

2. 单片机定时器/计数器的功能

（1）计数功能　所谓计数功能，是指对外部脉冲进行计数。

（2）定时功能　定时功能也是通过计数来实现的，不过此时的计数脉冲来自单片机的内部，即每个机器周期产生一个计数脉冲，每经过一个机器周期计数器就加 1。

4.2.2　定时器/计数器的控制寄存器

定时器/计数器的功能与工作方式的设定也是通过软件对其相关的控制寄存器的设置来实现的。

1. 定时器/计数器工作方式控制寄存器 TMOD

TMOD 是一个不可以位寻址的 8 位特殊功能寄存器，见表 4-1，字节地址为 89H，定时和计数功能由控制位 $C/\overline{T}$ 决定，其高 4 位专供 T1 使用，其低 4 位专供 T0 使用。

表 4-1　定时器/计数器工作方式控制寄存器

TMOD (89H)	T1				T0			
	D7	D6	D5	D4	D3	D2	D1	D0
	GATE	$C/\overline{T}$	M1	M0	GATE	$C/\overline{T}$	M1	M0

各位的含义如下：

① GATE——门控位。

GATE = 0：表示只要用软件将 TCON 中的运行控制位 TR0（或 TR1）置为 1，即可启动定时器/计数器 0 或定时器/计数器 1。

GATE = 1：表示只有在 $\overline{INT0}$ 或 $\overline{INT1}$ 引脚为高电平，并且用软件将运行控制位 TR0（或 TR1）置 1 的前提条件下才可以启动定时器/计数器 0 或定时器/计数器 1。

② $C/\overline{T}$——定时/计数方式选择位。

$C/\overline{T} = 0$：即满足 $\overline{T}$ 有效，设置为定时方式（Timer），对内部的机器周期进行计数。

$C/\overline{T} = 1$：即满足 C 有效，设置为计数方式（Counter），通过 T0（P3.4）或 T1（P3.5）

引脚对外部脉冲信号进行计数。

③ M1、M0——工作方式选择位。

M1M0＝00：为工作方式 0，作 13 位计数器用，TL0（或 TL1）只用低 5 位参与分频，TH0（或 TH1）用了全部的 8 位。

M1M0＝01：为工作方式 1，作 16 位计数器用，TL0、TH0（或 TL1、TH1）全用。

M1M0＝10：为工作方式 2，分成了 2 个独立的 8 位计数器用，当溢出时 TH0（或 TH1）将存放的值自动重装入 TL0（或 TL1）。

M1M0＝11：为工作方式 3，仅适用于定时器/计数器 0，定时器/计数器 1 失效，作两个 8 位的计数器用。

2. 定时器/计数器控制寄存器 TCON

设定好 TMOD 后，定时器/计数器还不能进入工作状态，还必须通过设置 TCON 中的某些位来启动它，TCON 锁存了定时器/计数器 0 和定时器/计数器 1 的溢出中断源和外部请求中断源，其各位定义见表 4-2。

表 4-2　定时器/计数器控制寄存器 TCON

TCON	D7	D6	D5	D4	D3	D2	D1	D0
位符号	TF1	TR1	TF0	TR0	IE1	IT1	IE0	IT0
位地址	8FH	8EH	8DH	8CH	8BH	8AH	89H	88H

各位的含义如下：

① TF0 和 TF1——定时器/计数器溢出中断请求标志位。

TF0（或 TF1）＝1 时，表示对应定时器/计数器的计数值已完成了从初值开始的加 1 计数，由全 1 变为全 0，最高位产生了溢出，相应的溢出标志位由硬件置"1"。计数溢出标志位的使用有两种情况，当采用中断方式时，它作为中断请求标志位来使用，一旦 CPU 响应了中断请求，由硬件自动清"0"；当采用查询方式时，它作为查询状态位来使用，并由软件清"0"。

② TR0（TR1）——定时器/计数器的运行控制位。

当门控位 GATE＝0 时，由软件方法使其置"1"或清"0"。

TR0（TR1）＝0：停止定时器/计数器的工作；TR0（TR1）＝1：启动定时器/计数器的工作。

当门控位 GATE＝1 时，TR0（TR1）＝1 且输入为高电平时，才允许定时器/计数器计数。

③ IE0（IE1）——外部中断请求标志位。

IE0（IE1）＝1，外部中断向 CPU 请求中断，当 CPU 响应了该中断，则由硬件将其清"0"。

④ IT0（IT1）——外部中断触发方式控制位。

IT0（IT1）＝0：外部中断 0（外部中断 1）采用低电平触发方式。当输入低电平时，置位 IE0（IE1），此时 P3.2（P3.3）必须保持低电平，直到 CPU 响应了该中断。当中断服务程序执行完，引脚将变为高电平，否则将产生另一次中断。这就是 P3.2、P3.3 引脚处通常直接接按键，按键另一端直接接地的原因：按下时，引脚接地输入低电平，放开时，引脚恢复高电平。

IT0（IT1）＝1：外部中断 0（外部中断 1）采用下降沿触发方式。当引脚电平由"1"向"0"下降沿跳变时，置位外部中断请求标志位 IE0（IE1），向 CPU 请求中断。实现这一操作就是 P3.2（P3.3）引脚所接按键按下（由高电平变低电平）的一瞬间。

3. 中断允许控制寄存器 IE

上一个项目已经介绍过中断允许控制寄存器 IE，再回顾一下本项目用到的位，见表 4-3。

表 4-3 中断允许控制寄存器 IE

IE	D7	D6	D5	D4	D3	D2	D1	D0
位符号	EA	ELVD	EADC	ES	ET1	EX1	ET0	EX0
位地址	AF	AE	AD	AC	AB	AA	A9	A8

各位的含义如下：

① EA——中断允许总控制位。

EA=0：中断总禁止，禁止所有中断；EA=1：中断总允许。

② ET0（ET1）——定时器/计数器中断允许控制位。

ET0（ET1）=0：禁止定时器/计数器中断；ET0（ET1）=1：允许定时器/计数器中断。

4. 辅助寄存器 AUXR

STC12C5A60S2 单片机是 1T 的 8051 单片机，为兼容传统 8051，定时器/计数器 0 和定时器/计数器 1 复位后是传统 8051 的速度，即 12 分频，但实际上也可以不进行 12 分频，这可以通过设置新增加的特殊功能寄存器 AUXR 来实现。辅助寄存器 AUXR 各位定义见表 4-4。

表 4-4 辅助寄存器 AUXR

AUXR	D7	D6	D5	D4	D3	D2	D1	D0
8EH	T0x12	T1x12	UART_M0X6	BRTR	S2SMOD	BRTx12	EXTRAM	S1BRS

其中，T0x12（T1x12）——定时器/计数器 0（定时器/计数器 1）速度控制位。

T0x12（T1x12）=0：定时器/计数器 0（定时器/计数器 1）速度与传统 8051 速度相同，即 12 分频；T0x12（T1x12）=1：定时器/计数器 0（定时器/计数器 1）速度是传统 8051 速度的 12 倍，即不分频。

5. 时钟输出和掉电唤醒寄存器 WAKE_ CLKO

各位定义见表 4-5。

表 4-5 时钟输出和掉电唤醒寄存器 WAKE_CLKO

WAKE_CLKO	D7	D6	D5	D4	D3	D2	D1	D0
8FH	PCAWAKEUP	TXD_PIN_IE	T1_PIN_IE	T0_PIN_IE	LVD_WAKE	BRTCLKO	T1CLKO	T0CLKO

各位的含义如下：

① T0_ PIN_ IE（T1_ PIN_ IE）——掉电模式下，设置是否允许 T0/P3.4（T1/P3.5）下降沿置中断标志，是否允许 T0（T1）引脚唤醒掉电。

T0_ PIN_ IE（T1_ PIN_ IE）=0：禁止 T0/P3.4（T1/P3.5）下降沿置中断标志，也禁止 T0（T1）引脚唤醒掉电；T0_ PIN_ IE（T1_ PIN_ IE）=1：允许 T0/P3.4（T1/P3.5）下降沿置中断标志，也允许 T0（T1）引脚唤醒掉电。

② T0CLKO（T1CLKO）——时钟输出 CLKOUT 控制位。

T0CLKO（T1CLKO）= 0：禁止将 T0/P3.4（T1/P3.5）引脚配置为定时器/计数器 0（定时器/计数器 1）的时钟输出 CLKOUT0（CLKOUT1）；T0CLKO（T1CLKO）= 1：允许将 T0/P3.4（T1/P3.5）引脚配置为定时器/计数器 0（定时器/计数器 1）的时钟输出 CLK-OUT0（CLKOUT1）。但是，定时器/计数器 0（定时器/计数器 1）只能工作在 8 位自动重装模式。

$$CLKOUT0（CLKOUT1）输出时钟频率＝T0（T1）溢出率/2$$
$$T0（T1）工作在1T 模式时的输出频率＝系统时钟频率/（256-THx）/2$$
$$T0（T1）工作在12T 模式时的输出频率＝系统时钟频率/12/（256-THx）/2$$

4.2.3　定时器/计数器的工作方式

单片机的定时器/计数器一共有四种工作方式，分别是工作方式 0、1、2、3，T0 和 T1 均可以设置为前 3 种工作方式（即方式 0、1、2），只有 T0 才可以设置为工作方式 3。

1. 工作方式 0（13 位定时器/计数器）

工作方式 0 是 13 位计数结构的工作方式，其计数器由 TH0 全部 8 位和 TL0 的低 5 位构成，TL0 的高 3 位弃之不用。该方式主要是保持与 MCS-48 系列单片机兼容。但是对于 STC12C5A60S2 单片机而言，振荡器输出可以选择是否除以 12，这在前面辅助寄存器 AUXR 已经提到过，后面 3 种工作方式亦如此，不再赘述。

图 4-5 是定时器/计数器 0 在工作方式 0 的逻辑结构框图，定时器/计数器 1 与此完全相同。

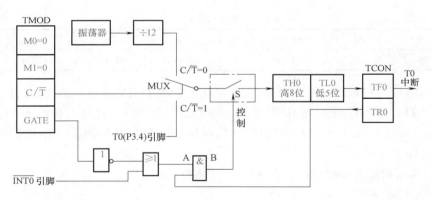

图 4-5　定时器/计数器 0 的电路逻辑结构框图

2. 工作方式 1

（1）电路逻辑结构框图　工作方式 1 与工作方式 0 基本相同，其区别在于计数器的位数不同。工作方式 0 是 13 位计数器，而工作方式 1 是 16 位计数器，计数器由 TH0 全部 8 位和 TL0 全部 8 位构成，其逻辑电路和工作情况与工作方式 0 相同。

（2）工作方式 1 的定时方式　当 $C/\overline{T}=0$ 时，工作在定时方式。此时多路转换开关 MUX 接振荡器 12 分频的输出端。将 16 位的计数器初值设定后，开始在初值的基础上对机器周期进行加 1 计数，当 TL0 的低 8 位溢出时向 TH0 进位，而 TH0 溢出时向中断标志位 TF0 进位，即 TF0 由硬件置 1，去申请中断。可通过查询 TF0 是否置 1 或是否产生定时中断，来判断定时器/计数器的定时操作是否已经完成。

其定时的时间（T）的计算公式为 $T=(2^{16}-X)\times T_s$

式中，X 为 T0（或 T1）的计数初值；T_s 为机器周期，$T_s=12/f$，f 为晶振频率。

则计数初值 X 的计算公式为 $\qquad X=2^{16}-T/T_s$

（3）工作方式 1 的计数方式　当 $C/\overline{T}=1$ 时，工作在计数方式。此时多路转换开关 MUX 接 T0 的 P3.4 引脚，接收外部输入的脉冲信号。设定好 16 位的计数器初值并启动计数器后，开始对外部脉冲进行加 1 计数，当引脚上的信号电平发生 1 到 0 的跳变时，计数器加 1。

计数值的范围为 $1\sim65536$（2^{16}），当溢出时其记录脉冲的个数为

$$S=2^{16}-X$$

式中，X 为 T0（或 T1）的计数初值。

在实际应用中，如果需要更长的定时时间或更大的计数范围，我们可以此为基础通过编程，进行循环定时或循环计数来实现。

（4）T0（或 T1）的启动与停止的控制　在逻辑电路中，GATE = 0 时，$\overline{INT0}$ 被封锁，A = 1，而 B 则仅由 TR0（或 TR1）来决定。当 TCON 中运行控制位 TR0（或 TR1）= 1 时，B = 1，T0（或 TR1）定时/计数的开关 S 接通；当 TCON 中运行控制位 TR0（或 TR1）= 0 时，B = 0，T0（或 TR1）定时/计数的开关 S 断开。

而当 GATE = 1 时，$A=\overline{INT0}$，B 则由 $\overline{INT0}$ 和 TR0 相与的结果来决定。若 TR0（或 TR1）= 1，当 $\overline{INT0}=1$ 时，T0（或 TR1）定时/计数的开关 S 接通，开始计数；若 TR0（或 TR1）= 1，当 $\overline{INT0}=0$ 时，T0（或 TR1）定时/计数的开关 S 断开，停止计数。

由此可见，可以利用门控位 GATE 的附加控制作用来测量在 $\overline{INT0}$ 端出现的正脉冲的宽度。

3. 工作方式 2

（1）电路逻辑结构框图　T0 工作方式 2 时的电路逻辑结构框图如图 4-6 所示。

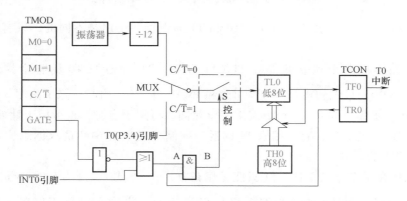

图 4-6　T0 工作方式 2 时的电路逻辑结构框图

工作方式 0 和工作方式 1 最大的特点是计数溢出后，TH0（或 TH1）和 TL0（或 TL1）的初值均变为 0，所以在编制循环程序中需要反复设定初值，既不方便又影响定时精度。工作方式 2 具有自动加载初值的功能，解决了 ISK 方式 0 和 ISK 方式 1 需要用程序反复加载初值的缺陷。

从图 4-6 可看出只有 TL0 （或 TL1）在参与计数，而 TH0 （或 TH1）只是保存计数初值而不参与计数。当 TL0 （或 TL1）由全 1 变为全 0 时，就置位 TF0 （或 TF1），并自动将 TH0 （或 TH1）的初值装入 TL0 （或 TL1）。很显然，这同时也损失了定时/计数的最大范围。

（2）工作方式 2 的定时方式　原理同前，其定时的时间公式为

$$T = (2^8 - X) \times T_s$$

式中，T_s 为机器周期，X 为 T0 （或 T1）的计数初值。

（3）工作方式 2 的计数方式　原理同前，由于工作方式 2 是一个 8 位计数器，则其记录脉冲的个数为

$$S = 2^8 - X$$

式中，X 为 T0 （或 T1）的计数初值。

4. 工作方式 3

（1）电路逻辑结构框图　T0 工作方式 3 时的电路逻辑结构框图如图 4-7 所示。

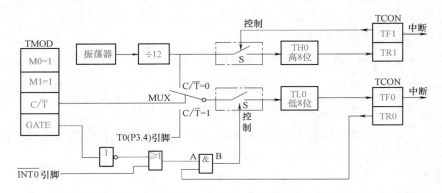

图 4-7　T0 工作方式 3 时的电路逻辑结构框图

（2）工作特点　在工作方式 3 中，T0 和 T1 的设置和使用是不同的，只有 T0 才有工作方式 3。

此时 T0 被拆成两个独立的部分 TL0 和 TH0，TL0 独占原 T0 的各个控制位、引脚、$C/\overline{T}$、GATE、TR0、TF0、T0 （P3.4）引脚和 $\overline{INT0}$（P3.2）引脚。除了只用 8 位 TL0 之外，其功能及操作与工作方式 0、工作方式 1 完全相同，可用于定时，也可用于计数。而 TH0 只可用作简单的内部定时器，它占用原 T1 的运行控制位 TR1 和中断请求标志位 TF1，其启动和关闭只受 TR1 的控制。

当 T0 工作在工作方式 3 时，T1 只能工作在方式 0~方式 2，因为它的运行控制位已被占用，不能置位 TF1，而且也不再受 TR1 和 $\overline{INT1}$ 的控制，此时 T1 只能工作在不需要中断的场合，功能受到限制。

T0 工作在工作方式 3 时，T1 通常用作串行口波特率发生器，用以确定串行通信的速率。

4.2.4　定时器/计数器的初始化编程步骤

应用 AT89S51 单片机的定时器/计数器时，也要进行初始化编程，其步骤为：

1）确定工作方式、操作模式、启动控制方式：配置 TMOD 寄存器。

2）计算定时器/计数器的计数初值，并将计数初值送入 TH0、TL0 或 TH1、TL1。

3）根据要求，若采用中断方式工作时，必须对 IE 寄存器内 EA、ET0 或 ET1 赋值。

4）启动定时器/计数器工作，将 TR0 或 TR1 置为 1。

4.2.5 定时器/计数器的计数初值

示例：若当前单片机的工作频率为 12MHz，需要定时器/计数器 0 产生 50ms 定时，请确定工作方式和计数初值。

分析：假设当前机器周期为 T_s，定时器/计数器初值为 X，定时时间为 T，则

$$X = 2^n - T/T_s$$

单片机的一个机器周期 = 12/工作频率，那么当前单片机的机器周期 = 12/（12MHz）= 1μs。

- 工作方式 0：13 位定时最大定时/计数间隔 = $2^{13} \times 1$μs = 8.192ms
- 工作方式 1：16 位定时最大定时/计数间隔 = $2^{16} \times 1$μs = 65.536ms
- 工作方式 2：8 位定时最大定时/计数间隔 = $2^8 \times 1$μs = 256μs
- 工作方式 3：8 位定时最大定时/计数间隔 = $2^8 \times 1$μs = 256μs

由于需要定时时间为 50ms，所以必须选择工作方式 1 进行定时，那么根据定时器/计数器初值计算公式可得出：$X = 2^{16} - T/T_s = 65536 - 50ms/（1$μs$）= 65536 - 50000 = 15536$

10 进制数 15536 转换为 16 进制为：3CB0H。将该计数初值送入定时器/计数器 0 工作方式 1 的 16 位计数器，即 TH0 = 0x3C；TL0 = 0xB0。

 任务实施

4.2.6 任务实施步骤

1. 流程图设计

警笛报警流程图如图 4-8 所示。

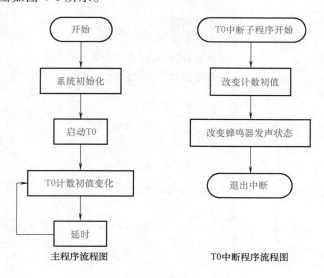

图 4-8 警笛报警流程图

2. 电路选择

参照项目4任务1。

3. 源程序

（1）汇编语言源程序

```
;; ************************************************************
;* 功能描述:                                                 *
;* 警笛报警声程序                                             *
;*                                                           *
;*                                                           *
; ************************************************************
SPK       BIT       P3.7            ;SPK 与 P3.7 对应
FRQ       EQU       1
STACK     EQU       20
;============================================================
ORG       0000H
LJMP      MAIN
ORG       000BH                     ;T0 中断入口
LJMP      TIMER0
;============================================================
ORG   0030H
MAIN:
MOVSP,#(STACK-1)                    ;设置栈顶
MOV       TMOD,#01H                 ;设置定时器/计数器 0 工作方式为方式 1
CLR       A
MOV       FRQ,A
MOV       TH0,A
MOV       TL0,#0FFH                 ;送计数初值
SETB      EA                        ;开总中断
SETB      ET0                       ;开定时器/计数器 0 中断
SETB      TR0                       ;启动定时器/计数器 0

MAIN_LP:
INC       FRQ                       ;FRQ 加 1
MOV       R7,#04
LCALL     DELAYMS
SJMP      MAIN_LP                   ;END OF main

;============================================================
TIMER0:
MOV       TH0,#0FEH
MOV       TL0,FRQ                   ;改变计数初值,从而改变蜂鸣器发声频率
CPL       SPK                       ;改变蜂鸣器发声状态
```

```
RETI    ;中断返回

;; ========================================
DELAYMS:
; 延时子程序
;; ========================================
MOV         A,R7
JZ          END_DLYMS
DLY_LP1:
MOV         R6,#185
DLY_LP2:
NOP
NOP
NOP                              ;空操作,微调延时时间
DJNZ        R6,DLY_LP2
DJNZ        R7,DLY_LP1
END_DLYMS:
RET
END
```

含定时器中断服务子程序的程序设计需要的 7 个部分:

1) 设置中断入口地址: ORG 000BH (ORG 001BH)。

2) 设置工作方式控制字: TMOD。

3) 给定时器设置初值 (TH0, TL0, TH1, TL1)。

4) 允许中断: SETB EA; SETB ET0 (SETB ET1)。

5) 启动定时器: SETB TR0 (TR1)。

6) 中断服务子程序: 再次给定时器赋初值。

7) 中断服务子程序返回: RETI。

(2) C 语言源程序

```
#include"reg51.h"
sbit BEEP = P3^7;                //定义位变量 BEEP
unsigned  char  m;
/ ***************************************
* 函数名称:delay
* 输    入:无
* 输    出:无
* 功      能:延时一小段时间
*************************************** /
void  delay()                    //软件延时子函数
{
int  i,j;
     for(i=4;i>0;i--)            //进行循环操作,以达到延时的效果
        for(j=200;j>0;j--);
}
```

```
/ *****************************************
* 函数名称:main
* 输      入:无
* 输      出:无
* 功      能:函数主体
*****************************************/
void main()
{
  m = 0;
  TMOD = 0x02;
  TH0 = 0;
  TL0 = 0xFF;
  EA = 1;
  ET0 = 1;
  TR0 =1;
  while(1)
  {
      m++;
      delay();
  }
}

/ *****************************************
* 函数名称:Timer0IRQ
* 输      入:无
* 输      出:无
* 功      能:T0 中断服务函数
***************************************** /
void  Timer0IRQ()  interrupt  1  // 中断服务函数
{
  TH0 = 0xFE;                      //计数寄存器高 8 位重新载入
  TL0 = m;                         //计数寄存器低 8 位重新载入
  BEEP = ~BEEP;
}
```

4. 知识点解析

本任务是通过使用单片机的定时器/计数器来改变蜂鸣器的发声的频率,从而发出警笛音。程序中主程序做的事只是在死循环中延长蜂鸣器相应的发声状态,每产生一次中断,程序就跳转到定时器/计数器中断服务函数中使定时时间变化和蜂鸣器发声状态变换,从而使蜂鸣器的发声频率改变。

(1) 对于汇编语言程序

1) 定时器/计数器 0 的中断入口地址要正确,即 "ORG   000BH",其中 000BH 是定时器/计数器 0 的中断入口地址。

2）NOP（空操作）指令是为了实现精确延时而采用的，每执行 1 次 NOP 意味着消耗 1 个机器周期，则本例中 DELAYMS 子程序（采用 12MHz 晶振）中延时时间的大概计算方法为：$1\mu s \times (1+1+1+185 \times 2+2) \times 4 = 1500\mu s = 1.5ms$。

3）定时器定时时间的改变是通过改变 TH0 和 TL0 的值来实现的，"INC　FRQ"语句要注意理解。

4）RETI：中断服务程序返回，注意与 RET 的区别。

5）JZ：判 A 等于 0 时转移，本例使用 JZ 主要是为了保护 DELAYMS 子程序传入参数 R7。

（2）对于 C 语言程序

1）中断服务函数 Timer0IRQ（）有别于普通 C 函数的地方是在声明中多了 "interrupt 1"，说明这个函数是中断号为 1 的中断服务函数。

C51 的中断函数的格式如下：

```
void 函数名() interrupt 中断号 using 工作组
    {
        中断服务程序内容
    }
```

中断函数不能返回任何值，所以最前面用 void；函数名命名与变量命名类似；中断号是指单片机中几个中断源的序号，各个中断源对应的中断号见表 4-6，这个序号是编译器识别不同中断的唯一符号，因此在写中断服务程序时务必要写正确；最后面的 "using 工作组" 是指这个中断函数使用单片机内存中 4 组工作寄存器中的哪一组，C51 编译器在编译程序时会自动分配工作组，因此最后这句通常省略不写。

表 4-6　51 单片机各个中断源对应的中断号

C 中的中断号	中断源
0	外部中断 0
1	定时器/计数器 0
2	外部中断 1
3	定时器/计数器 1
4	串行中断
5	定时器/计数器 2（仅在 52 单片机中有此中断源）

2）本任务中 "unsigned char m"，m 是全局变量。全局变量是中断服务函数与外界程序进行参数传递的唯一途径，因此在单片机程序中全局变量的使用频率要比普通的 C 语言程序高。尽管如此，由于全局变量的使用会影响程序的结构化，所以在可以不使用全局变量的地方，还是要避免使用全局变量。

5. 提高任务

（1）深入重点

1）配置定时器/计数器 0 和定时器/计数器 1 涉及的寄存器 TMOD、TCON 、IE、IP。

2）定时器/计数器工作方式的选择决定了定时的范围，见表 4-7，假设当前单片机工作频率为 12MHz。

表 4-7　定时器/计数器不同工作方式的最大定时

工作方式	最大定时范围	工作方式	最大定时范围
方式 0	8.192ms	方式 2	256μs
方式 1	65.536ms	方式 3	256μs

通常使用定时器工作方式 1。

3）定时器/计数器计数初值计算方法要掌握。

4）不要拘泥于个人计算机的 C 语言编程，要为自己灌输单片机编程思想，掌握"主函数+中断服务函数"的组合架构或称为前后台系统。

5）主函数与中断服务函数不但是互相独立，而且是相互共享的。还要强调的是 C51 中关于现场保护和现场恢复都是 Keil 编译后的代码默认做好的，在我们的"C 语言代码"中是不可见的，若使用汇编语言编写，必须要做好现场保护和现场恢复的操作，Keil 编译代码不对我们编写的代码进行处理。

6）软件延时过长严重影响程序的效率，而用定时器定时操作则不一样，在定时时间未到之前，单片机还在执行主函数的操作或其他操作，不是在空等待。

7）定时器定时操作占用硬件资源，同时在中断服务函数中不宜进行大量的操作，否则同样也对程序的效率造成影响，因为主程序要等待中断服务函数结束后才能进行下一步操作。

（2）思考　如何实现使单片机发出救护车、消防车的声音？

任务 3　音乐播放控制

 任务要求

通过编译软件，采用单片机控制方式，实现单片机的 I/O 口控制蜂鸣器播放音乐。

 要点分析

单片机控制蜂鸣器发出音乐声。

 学习要点

音乐是由很多音符组合而成的，一个音符代表了一种频率的乐声，通过不同频率乐声的组合，就可以产生一首乐曲。单片机可以通过定时器生成不同频率的信号，按照音乐音符的频率来生成各种频率的信号，并将其构建好，然后将信号通过电声器件转换为声波，这时单片机就能发出音乐声。

一般来说，单片机演奏音乐基本上都是单音频率，它不包含相应幅度的谐波频率，也就是说它不能像电子琴一样奏出多种音色的声音。因此单片机演奏乐曲只需弄清楚两个概念即可，也就是"音调"和"节拍"。音调表示一个音符唱多高的频率，节拍表示一个音符唱多长的时间。

4.3.1　音调

所谓音调，其实就是我们常说的音高，如图 4-9 所示。人耳能听到的声音的频率范围约为几十到几千赫兹，若能利用程序来控制单片机某个口线输出高电平或低电平，则在该口线上就能产生一定频率的矩形波，接上扬声器就能发出一定频率的声音，若再控制高、低电平的持续时间，就能改变输出频率，从而改变音调。

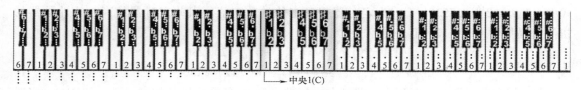

图 4-9　音高的排序

经过声学家的研究，世界通用 A、B、C、D、E、F、G 这些字母来表示固定的音高。比如 A 这个音，标准的音高为每秒钟振动 440 周，即 440Hz。

所谓 1（DO）= A，就是说，这首歌曲的 "1（DO）" 要唱得同 A 一样高，人们也把这首歌曲叫作 A 调歌曲，或叫 "唱 A 调"。1（DO）= C，就是说，这首歌曲的 "1（DO）" 要唱得同 C 一样高，或者说 "这首歌曲唱 C 调"。同样是 "1（DO）"，不同的调唱起来的高低是不一样的。

在音乐中常把中央 C 上方的 A 音定为标准音高，其频率 $f = 440Hz$。当两个声音信号的频率相差一倍时，也即 $f_2 = 2f_1$ 时，则称 f_2 比 f_1 高一个倍频程，在音乐中 1（DO）与高音 1（DO）、2（RE）与高音 2（RE）等正好相差一个倍频程，在音乐学中称相差一个八度音。在一个八度音内，有 12 个半音。以 1（DO）—高音 1（DO）八音区为例，12 个半音是：1（DO）—#1（DO#）、#1—2（RE）、2—#2（RE#）、#2—3（MI）、3—4（FA）、4—#4（FA#）、#4—5（SO）、5—#5（SO#）、#5—6（LA）、6—#6（LA#）、#6—7（SI）、7—高音 1（DO）。这 12 个半音（音阶）的分度基本上是以对数关系来划分的。只要知道了这十二个音符的音高，也就是其基本音调的频率，就可根据倍频程的关系得到其他音符基本音调的频率。

各调的对应的标准频率见表 4-8。

表 4-8　各调的对应的标准频率

调	C	#C	D	#D	E	F	#F	G	#G	A	#A	B
频率/Hz	262	277	294	311	330	349	369	392	415	440	466	494

单片机演奏一个音符，是通过引脚周期性地输出一个特定频率的方波。这就需要单片机在半个周期内输出低电平、另外半个周期输出高电平，周而复始。要产生某个音调的音频方波，只要算出某一音频的周期（1/频率），然后将此周期除以 2，即为半周期的时间。利用定时器计时此半周期时间，每当计时到后就将输出方波反相，然后重复计时此半周期时间再将输出方波反相，就可在 I/O 引脚得到此频率的方波。

以标准音高 A 为例，A 的频率 $f = 440Hz$，其对应的周期 T 如图 4-10 所示，$T = 1/f = 1/(440Hz) = 2273\mu s$。

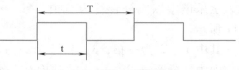

图 4-10　音高 A 对应周期

由图 4-10 可知，单片机上对应蜂鸣器的 I/O 口来回取反的时间（半个周期）应为

$$t = T/2 = 2273 \mu s/2 \approx 1136 \mu s$$

这个时间 t 也就是单片机上定时器应有的中断触发时间。一般情况下，单片机奏乐时，其定时器为工作方式 1，它以振荡器的十二分频信号为计数脉冲。设振荡器频率为 f_0，则定时器的初值由式（4-1）来确定：$t = 12 \times (T_{ALL} - T_{HL})/f_0$ （4-1）

式中，$T_{ALL} = 2^{16} = 65536$；T_{HL} 为定时器待确定的计数初值。因此定时器的高、低计数器的初值（晶振频率 $f_0 = 12MHz$）分别为

$$TH = T_{HL}/256 = (T_{ALL} - t \times f_0/12)/256$$

$$TL = T_{HL}\%256 = (T_{ALL} - t \times f_0/12)\%256$$

将 $t = 1136 \mu s$ 代入上面两式，即可求出标准音高 A 在单片机晶振频率 $f_0 = 12MHz$、定时器在工作方式 1 下的定时器高、低计数器的初值分别为

$$TH_{440Hz} = (65536 - 1136 \times 12/12)/256 = FBH$$

$$TL_{440Hz} = (65536 - 1136 \times 12/12)\%256 = 90H$$

根据上面的求解方法，我们就可求出 C 调各音符频率与计数器初值的对照，见表 4-9。

表 4-9   C 调各音符频率与计数器初值的对照

C 调音符	低 1 DO	低#1 DO#	低 2 RE	低#2 RE#	低 3 MI	低 4 FA	低#4 FA#	低 5 SO	低#5 SO#	低 6 LA	低#6 LA#	低 7 SI
频率/Hz	262	277	293	311	329	349	370	392	415	440	466	494
TH/TL	F88B	F8F2	F95B	F9B7	FA14	FA66	FAB9	FB03	FB4A	FB8F	FBCF	FC0B
C 调音符	中 1 DO	中#1 DO#	中 2 RE	中#2 RE#	中 3 MI	中 4 FA	中#4 FA#	中 5 SO	中#5 SO#	中 6 LA	中#6 LA#	中 7 SI
频率/Hz	523	553	586	621	658	697	739	783	830	879	931	987
TH/TL	FC43	FC78	FCAB	FCDB	FD08	FD33	FD5B	FD81	FDA5	FDC7	FDE7	FE05
C 调音符	高 1 DO	高#1 DO#	高 2 RE	高#2 RE#	高 3 MI	高 4 FA	高#4 FA#	高 5 SO	高#5 SO#	高 6 LA	高#6 LA#	高 7 SI
频率/Hz	1045	1106	1171	1241	1316	1393	1476	1563	1658	1755	1860	1971
TH/TL	FB21	FE3C	FE55	FE6D	FE84	FE99	FEAD	FEC0	FE02	FEE3	FEF3	FF02

4.3.2 节拍

音符的节拍我们可以举例来说明。在一张乐谱中，我们经常会看到这样的表达式，如 $1 = C \dfrac{4}{4}$、$1 = G \dfrac{3}{4}$……这里 $1 = C$、$1 = G$ 表示乐谱的曲调，和我们前面所谈的音调有很大的关联，$\dfrac{4}{4}$、$\dfrac{3}{4}$ 就是用来表示节拍的。以 $\dfrac{3}{4}$ 为例加以说明，它表示乐谱中以四分音符为节拍，每一小节有三拍，如图 4-11 所示。

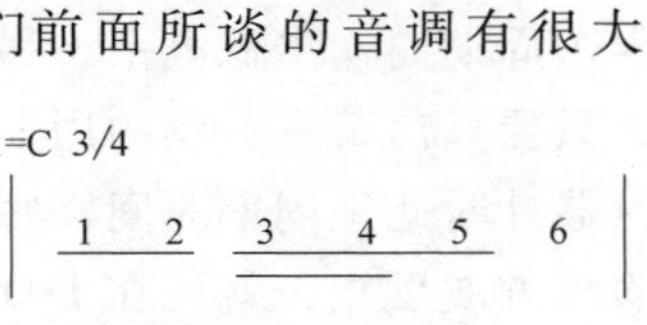

1=C 3/4

| 1 | 2 | 3 | 4 | 5 | 6 |

图 4-11   3/4 拍示例

其中 1、2 为一拍，3、4、5 为一拍，6 为一拍，共三拍。1、2 的时长为四分音符的一半，即为八分音符长，3、4 的时长为八分音符的一半，即为十六分音符长，5 的时长为四分音符的一半，即为八分音符长，6 的时长为四分音符长。那么一拍到底该唱多长呢？一般说

来，如果乐曲没有特殊说明，一拍的时长大约为 400 ~ 500ms 。我们以一拍的时长为 400ms 为例，则当以四分音符为节拍时，四分音符的时长就为 400ms，八分音符的时长就为 200ms，十六分音符的时长就为 100ms。

可见，在单片机上控制一个音符唱多长可采用延时的方法来实现，该延时也可以用定时器来实现。首先，我们确定一个基本时长的延时程序，比如说以十六分音符的时长为基本延时时间（100ms），那么，对于一个音符，如果它为十六分音符，则只需调用一次延时程序（100ms），如果它为八分音符，则只需调用两次延时程序（200ms），如果它为四分音符，则只需调用四次延时程序（400ms），依此类推。即延时程序作为基本延时时间，节拍值只能是它的整数倍。

通过上面关于音调和节拍的确定方法，我们就可以在单片机上实现演奏音乐了。具体的实现方法为：将乐谱中的每个音符的音调及节拍变换成相应的音调参数和节拍参数，将它们做成数据表格，存放在存储器中，通过程序取出一个音符的相关参数，播放该音符，该音符唱完后，接着取出下一个音符的相关参数……如此直到播放完毕最后一个音符，根据需要也可循环不停地播放整个乐曲。此外，结束符和休止符能分别用代码 00H 和 FFH 来表示，若查表结果为 00H，则表示曲子终了；若查表结果为 FFH，则产生对应的停顿效果，其节拍参数与其他音符的节拍参数确定方法一致。为了产生手弹的节奏感，可在某些音符（例如两个相同音符）间插入一个时间单位的频率略有不一样的音符。

任务实施

4.3.3　任务实施步骤

1. 流程图设计

声音的频率可以由延时或者定时器来控制，使用定时器时，程序首先要初始化定时器，分别由定时器中断程序完成音调与节拍的控制。流程图如图 4-12 所示。

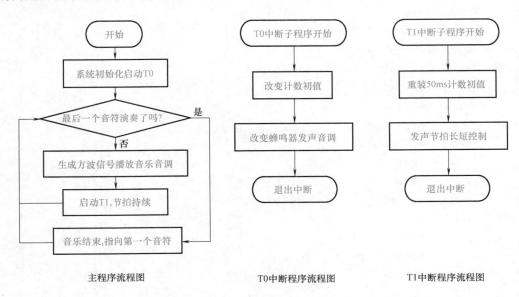

图 4-12　单片机唱歌流程图（定时器实现）

2. 电路选择

参照项目4任务1。

3. 源程序

（1）汇编语言源程序

```
;======接口定义=========
SPK     EQU     P3.7                ;蜂鸣器所在端口
;======主程序==========
        ORG     0000H
        JMP     MAIN
        ORG     000BH
        JMP     TT0
MAIN:   MOV     TMOD,#01
        MOV     IE,#82H             ;允许定时器0
 M0:    MOV     30H,#00
NEXT:   MOV     A,30H
        MOV     DPTR,#TABLE
        MOVC    A,@ A+DPTR
        MOV     R2,A
        JZ      STOP                ;TABLE 取到00H时,结束
        ANL     A,#0FH
        MOV     R5,A
        MOV     A,R2
        SWAP    A
        ANL     A,#0FH
        JNZ     SONG
        CLR     TR0
        JMP     W1
;====播放子程序========
SONG:   DEC     A
        MOV     22H,A
        RL      A
        MOV     DPTR,#TABLE1
        MOVC    A,@ A+DPTR
        MOV     TH0,A
        MOV     21H,A
        MOV     A,22H
        RL      A
        INC     A
        MOVC    A,@ A+DPTR
        MOV     TL0,A
        MOV     20H,A
        SETB    TR0
```

```
W1:     CALL    DELAY
        INC     30H
        JMP     NEXT
STOP:   CLR     TR0
        JMP     M0                        ;循环播放
;=====定时器中断========
TT0:    PUSH    ACC
        PUSH    PSW
        MOV     TL0,20H
        MOV     TH0,21H
        CPL     SPK
        POP     PSW
        POP     ACC
        RETI
;====延时子程序========
DELAY:  MOV     R7,#2
W2:     MOV     R4,#125
W3:     MOV     R3,#248
        DJNZ    R3,$
        DJNZ    R4,W3
        DJNZ    R7,W3
        DJNZ    R5,DELAY
        RET
;====歌曲表===========
TABLE1:
        DW      64021,64103,64260,64400
        DW      64524,64580,64684,64777
        DW      64820,64898,64968,65030
        DW      64934
TABLE:
        ;       1
        DB      42H,82H,82H,82H,84H,02H,72H
        DB      62H,72H,62H,52H,48H
        DB      0B2H,0B2H,0B2H,0B2H,0B4H,02H,0A2H
        ;       2
        DB      12H,0A2H,0D2H,92H,88H
        DB      82H,0B2H,0B2H,0A2H,84H,02H,72H
        DB      62H,72H,62H,52H,44H,02H,12H
        ;       3
        DB      12H,62H,62H,52H,44H,02H,82H
        DB      72H,62H,52H,32H,48H
        DB      00
        END
```

（2）C 语言源程序

```
/ * * * * * * * * * * * * * * * * * * * * * * * * * * * * * * * * * * * * * * *
功      能:单片机唱歌
说      明:兰花草
* * * * * * * * * * * * * * * * * * * * * * * * * * * * * * * * * * * * * * * * /
#include "reg51.h"
#define uint      unsigned int
#define uchar     unsigned char
uchar th,tl;
uchar time,num,dat;
sbit spk = P3^7;                              //乐曲播放端
code  uint   Ttab[] ={64021,64103,64260,64400,64524,64580,64684,64777,64820, 64898,
64968,65030,65058, 65110,65157,65178,65217};
code  uchar   JPMtab[]={0x42,0x82,0x82,0x82,0x84,0x02,0x72,0x62,0x72,0x62,0x52,
0x48,0xb2,0xb2,0xb2,0xb2,0xb4,0x02,0xa2,0x82,0xa2,0xa2,0x92,0x88,
0x82,0xb2,0xb2,0xa2,0x84,0x02,0x72,0x62,0x72,0x62,0x52,0x44,
0x02,0x12,0x12,0x62,0x62,0x52,0x44,0x02,0x82,0x72,0x62,0x52,
0x32,0x48,0x00};


void main(void)
{
    TMOD =0X11;                              //T0 和 T1 都设为方式 1
    EA=1;
    ET0=1;                                   //允许 T0 中断
    ET1=1;                                   //允许 T1 中断
    TH1=0X3C;
    TL1=0XB0;                                //50ms 定时,T1 用于控制节拍长短
    TR1=1;                                   //启动 T1
    while(1)
    {
      while(JPMtab[num])                     //循环播放乐曲
      {
        dat=JPMtab[num]>>4;                  //取高 4 位音符
        if(dat! =0)                          //如果音符不为 0
        {
            th=Ttab[dat-1]/256;              //根据音符码取出音符的音调值
            tl=Ttab[dat-1]% 256;
            TH0=th;                          //设置音符的音调值
            TL0=tl;
            TR0=1;                           //启动 T0
        }
        else   {TR0=0;}                      //如果音符为 0,关闭发音
```

```
        time = (JPMtab[num]&0x0f)* 2;    //当前节拍所需时间的 time 值
        while(time! =0);                 //延时规定节拍,中断 1 次 50ms
        num++;                           //指向下一个音符
      }
      TR0 =0;                            //乐曲结束
      num=0;
    }
}


void t0() interrupt 1
{
    TH0 =th;
    TL0 =tl;                             //装入音调值
    spk = ~ spk;                         //产生方波信号
}


void t1() interrupt 3
{
    TH1 =0X3C;
    TL1 =0XB0;                           //重装 50ms 初值
    time--;
}
```

4. 知识点解析

对于汇编语言程序,本例采用软件延时的方法实现单片机唱歌。

对于 C 语言程序,本例采用定时器/计数器的方法实现单片机唱歌。T0 用于控制单片机发声音调的变化,T1 用于控制单片机发声节拍的长短。

5. 提高任务

思考:设计制作具有选歌功能的单片机播放器,可通过 1 个按键依次选择单片机内置的两首音乐。

项 目 小 结

单片机控制蜂鸣器发声的原理与控制发光二极管类似,可采用软件延时或定时器来实现。

51 单片机内部的定时器/计数器有四种工作方式,单片机调用定时器/计数器常用的方法有中断方式和查询方式,重点在于单片机工作方式和计数初值的设置。

单片机通过产生和各音符相同频率的方波信号,就能发出音乐的声音,根据所需音调计算出各音符频率与计数初值,再由定时器中断生成方波,经过扬声器就能听到各音符的音乐声音。单片机演奏音乐时,可将乐谱分解为简谱码的组合,每个简谱码用一个字节来表示,字节的高 4 位表示音符的音阶,即音乐的频率,低 4 位表示这个音符的节拍,将一首乐曲转换为一组简谱码,将简谱码按乐谱的顺序进行播放,就能演奏一首完整的乐曲。

练 习 四

一、填空题

1. AT89S51 单片机的定时器 1 工作在工作方式 0 计数模式下，定时器 0 工作在工作方式 1 定时模式下，则 TMOD 的值应为_____。

2. AT89S51 单片机定时器/计时器的四种工作方式中，可自动装载初始值的是工作方式_____，该工作方式是_____位计数器。

3. 假设已经设置好定时器 1 的计数初始值，则要启动定时器 1，需要设置 TR1 =_____。

4. AT89S51 单片机有_____个定时器/计数器。

5. AT89S51 单片机定时器/计数器的四种工作方式中，工作方式_____是只有定时器 0 才有的方式。

6. 假设定时器 0 已经正常工作，现要停止定时器 0，则需要设置 TR0 =_____。

二、判断题

(   ) 1. 定时器与计数器的工作原理均是对输入脉冲进行计数。

(   ) 2. TMOD 是一个既可以位寻址又可以字节寻址的特殊功能寄存器。

(   ) 3. 定时器 0 使用时必须使用单片机的 T0 引脚（P3.4）。

(   ) 4. 定时器 1 不能工作在方式 3。

(   ) 5. 因为 T0 和 T1 是内部中断，所以其计数脉冲信号只能来自于 CPU 的内部机器周期脉冲信号。

(   ) 6. 定时器/计数器 1 使用时必须使用单片机的 T0 引脚（P3.5）。

(   ) 7. AT89S51 单片机的两个定时器/计数器均有定时和计数工作方式。

(   ) 8. 定时器的中断标志由硬件清零。

(   ) 9. TMOD 中的 GATE = 1 时，表示由两个信号控制定时器的启停。

三、选择题

1. 若单片机的振荡频率为 6MHz，设定时器工作在方式 1，需要定时 1ms，则定时器初值应为 (   )。

A. 500   B. 1000   C. $2^{16}-500$ D. $2^{16}-1000$

2. 定时器 0 工作于计数方式，外加计数脉冲信号应接到 (   ) 引脚。

A. P3.2   B. P3.3   C. P3.4   D. P3.5

3. 定时器 0 计数溢出后，(   ) 置 1。

A. TF1   B. TF0   C. TI   D. RI

4. 要使 AT89S51 单片机能响应外部中断 1 和定时器/计数器 0 中断，则中断允许控制寄存器 IE 的内容应该是 (   )。

A. 98H   B. 86H   C. 22H   D. A2H

5. 若单片机的振荡频率为 12MHz，设定时器工作在方式 1，需要定时 1ms，则定时器初值应为 (   )。

A. 500   B. 1000   C. $2^{16}-500$ D. $2^{16}-1000$

6. 定时器/计数器的工作方式通过对 (   ) 寄存器编程设定。

A. TCON   B. TMOD   C. SCON   D. IE

7. 单片机振荡频率为 12MHz，定时器工作在方式 1，需要定时 50ms，则定时器初值应为 (   )。

A. 50000   B. $2^{16}-15536$ C. $2^{16}-50000$ D. 15536

8. 8 位自动重装的定时器/计数器工作在 (   ) 下。

A. 方式 0   B. 方式 1   C. 方式 2   D. 方式 3

9. AT89S51 定时器的 4 种工作方式中，定时器 1 没有的工作方式是（　　）。

A. 方式 0　　　　　B. 方式 1　　　　　C. 方式 2　　　　　D. 方式 3

10. AT89S51 单片机定时器工作方式 1 指的是（　　）工作方式。

A. 8 位　　　　　B. 8 位自动重装　　　C. 13 位　　　　　D. 16 位

11. 在下列寄存器中，与定时/计数控制无关的是（　　）。

A. TCON　　　　　B. TMOD　　　　　C. SCON　　　　　D. IE

12. 与定时器工作方式 1 和 0 比较，定时器工作方式 2 不具备的特点是（　　）。

A. 计数溢出后能自动重新加载计数初值

B. 增加计数器位数

C. 提高定时精度

D. 适于循环定时和循环计数应用

四、简答题

1. AT89S51 单片机片内设有几个可编程的定时器/计数器？定时器/计数器有几种工作方式？它们的定时/计数范围分别是多少？

2. AT89S51 单片机定时器的门控位 GATE 设置为 1 时，定时器/计数器如何启动？

3. AT89S51 单片机的定时器/计数器的计数脉冲由谁提供？

4. AT89S51 单片机的定时器/计数器 T0、T1 正在计数或定时，CPU 能不能做其他事情？说明理由。

5. 在使用 AT89S51 的定时器/计数器前，应对它进行初始化，其步骤是什么？

五、编程题

1. 利用定时器 0 产生一个 50Hz 的方波，由 P1.0 输出。设晶振频率为 12MHz。

2. 已知单片机晶振频率是 12MHz，实现功能：使用定时中断方式实现时间判断，利用 8 个 LED 形成流水灯效果。要求使用定时器工作方式 1。

项目5 医院呼叫系统设计

系统功能描述及分析

医院呼叫系统使病人在有需求的时候能够及时呼叫联系到值班医生和护士。这个系统一般是在病人的床边装有床位按键，这个床位按键信息通过线路传送到值班室的监控显示器上，在监控显示器上可以显示相应的床位按键信息，同时，值班室的报警器也响起，这样通过显示加声音提醒值班的医务人员注意有病人呼叫，及时到病人房间进行查看，以免出现异常情况。可以利用单片机实验板完成这个系统的功能。利用 4 个按键分别充当 4 个床位按键，实验板上的蜂鸣器充当报警器，四个数码管充当监控显示器。当有按键按下时即相当于有病人呼叫，那么就会在数码管上显示相应的床位按键信息，同时蜂鸣器响起。

学习要求

1）掌握数码管显示原理方法，掌握静态显示和动态显示。
2）掌握按键的工作特点、按键的扫描程序的编写。
3）熟悉串行口通信的原理。
4）通过完成数码管显示，培养分析问题、解决问题的能力。
5）提高自主学习能力。
6）具备良好的沟通能力。

知识点

1）数码管显示原理。
2）按键扫描。
3）串行口通信。

任务1 数码管显示

任务要求

使用单片机开发板，实现：①点亮某个数码管数码并显示数字或字符；②四个数码管显示不同的数字或字符。

要点分析

正确使用数码管位选和段选功能，查表显示方法，动态显示。

学习要点

5.1.1 数码管的基本工作原理

数码管由7个发光二极管组成，形成一个日字形，它们可以共阴极，也可以共阳极。通过解码电路得到的数码接通相应的发光二极管而形成相应的字，这就是它的工作原理。

在讲数码管之前，先来回顾一下发光二极管的工作情况。发光二极管能被点亮的条件是两端得到正确的电压，有导通电压，发光二极管就会发光。其点亮电路如图5-1所示。

基本的半导体数码管是由7个条状的发光二极管（LED）排列而成的，可实现数字0~9及少量字符的显示。另外为了显示小数点，增加了1个点状的发光二极管，因此数码管就由8个LED组成，我们分别把这些发光二极管命名为a、b、c、d、e、f、g、h，排列顺序如图5-2所示。

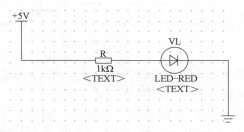

图5-1 发光二极管的点亮电路

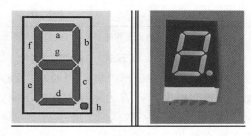

图5-2 数码管引脚

1. 数码管的分类

数码管按各发光二极管电极的连接方式分为共阳数码管和共阴数码管两种。共阴数码管是指将所有发光二极管的阴极接到一起形成公共阴极COM的数码管。共阳数码管是指将所有发光二极管的阳极接到一起形成公共阳极COM的数码管。

共阳数码管在应用时应将公共阳极COM接到+5V，当某一字段发光二极管的阴极为低电平时，相应字段就点亮。当某一字段的阴极为高电平时，相应字段就不亮。共阳数码管内部连接如图5-3所示。

共阴数码管在应用时应将公共阴极COM接到地线GND上，当某一字段发光二极管的阳极为高电平时，相应字段就点亮。当某一字段发光二极管的阳极为低电平时，相应字段就不亮。共阴数码管内部连接如图5-4所示。

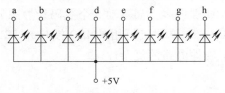

图5-3 共阳数码管

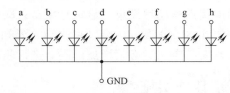

图5-4 共阴数码管

2. 数码管的发光原理

不管共阳数码管还是共阴数码管，其发光二极管的发光原理就是一样的，要使其发光，只要阳极供高电平，阴极供低电平即可。给数码管的a至h引脚加上不同的电平，数码管就可以显示不同的字形，a至h引脚也称为字段码或字形码、段码。表5-1是显示字形与共阳极和共阴极两种接法的字段码的对应关系。

表 5-1　数码管显示字形与字段码关系

显示字形	共阳极字段码	共阴极字段码	显示字形	共阳极字段码	共阴极字段码
0	0C0H	3FH	9	90H	6FH
1	0F9H	06H	A	88H	77H
2	0A4H	5BH	B	83H	7CH
3	0B0H	4FH	C	0C6H	39H
4	99H	66H	D	0A1H	5EH
5	92H	6DH	E	86H	79H
6	82H	7DH	F	8EH	71H
7	0F8H	07H	"黑屏"	0FFH	00H
8	80H	7FH	测试	00H	0FFH

注：a 段与 I/O 口的低位相连，h 段与 I/O 口的高位相连。

3. 数码管的显示方式

数码管要正常显示，就要用驱动电路来驱动数码管的各个字段码，从而显示出我们要的数字，因此根据数码管的驱动方式的不同，可以分为静态显示和动态显示两类。

1）动态显示：数码管动态显示是单片机中应用最为广泛的显示方式之一，动态显示是将所有数码管的"a、b、c、d、e、f、g、h"的同名端连在一起，另外为每个数码管的公共极 COM 增加位选通控制电路，位选通由各自独立的 I/O 线控制，当单片机输出字段码时，所有数码管都接收到相同的字段码，但究竟是哪个数码管会显示出字形，取决于单片机对位选通的控制，所以我们只要将需要显示的数码管的位选通控制打开，该数码管就显示出字形，没有选通的数码管就不会亮。通过分时轮流控制各个数码管的 COM端，就使各个数码管轮流受控显示，这就是动态显示。在轮流显示的过程中，每位数码管的点亮时间为 1~2ms，由于人的视觉暂留现象及发光二极管的余晖效应，尽管实际上各位数码管并非同时点亮，但只要扫描的速度足够快，给人的印象就是一组稳定的显示数据，不会有闪烁感，动态显示的效果和静态显示是一样的，能够节省大量的 I/O 端口，而且功耗更低。

2）静态显示：静态显示也称直流驱动。静态显示是指每个数码管的每一个字段码都由一个单片机的 I/O 端口进行驱动，或者使用如 BCD 码二-十进制译码器译码进行驱动。静态显示的优点是编程简单，显示亮度高；缺点是占用 I/O 端口多，如驱动 5 个数码管静态显示则需要 5×8＝40 根 I/O 端口来驱动，要知道一个 AT89S51 单片机可用的 I/O 端口才 32 个，另外，实际应用时必须增加译码器进行驱动，增加了硬件电路的复杂性。

 任务实施

5.1.2　任务实施步骤

1. 静态显示

数码管静态显示的电路如图 5-5 所示。

说明：AT89C51 与 AT89S51 的引脚与实现功能相同，这里选用 AT89C51 代替 AT89S51，另行说明。

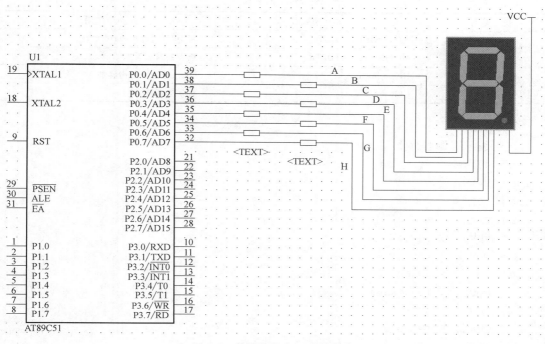

图 5-5 数码管静态显示的电路

要让数码管显示数值，应将需要显示的数值的字段码送至数码管。

（1）流程图 数码管静态显示流程如图 5-6 所示。

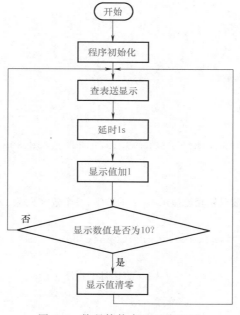

项目 5 任务 1 数码管静态
显示原理（一）

项目 5 任务 1 数码管静态
显示原理（二）

图 5-6 数码管静态显示流程图

程序设计相关指令见表 5-2。

表 5-2 相关指令

指令类别	指令格式	指令应用
数据传送指令	MOV DPTR,#data16	将 DPTR 指向 data16 地址
	MOVC A,@ A+DPTR	查表数据送累加器
算术运算类	INC direct	direct 地址中的内容加 1
逻辑运算类	CLR A	将累加器清 0

（2）源程序

1）汇编语言源程序。

```
ORG    0000H
LJMP   MAIN
ORG    0030H
MAIN:  CLR      A
       MOV      30H,A
       MOV      DPTR,#TAB
LOOP:  MOV      A,30H
       MOVC     A,@ A+DPTR
       MOV      P0,A
       LCALL    DEL
       INC      30H
       MOV      A,30H
       CJNE     A,#10,LOOP
       MOV      30H,#0
       SJMP     LOOP
DEL:   MOV      R0,#200
DL1:   MOV      R1,#144
DL2:   MOV      R2,#32
       DJNZ     R2,$
       DJNZ     R1,DL2
       DJNZ     R0,DL1
       RET
TAB:   DB       0C0H,0F9H,0A4H,0B0H,99H,92H,82H,0F8H,80H,90H,88H
       END
```

2）C 语言源程序。

```
/*静态显示,让一个共阳数码管轮流显示 0~9 的数字,每个数字显示 1s */
#include <reg51.h>
unsigned char sm [10] = {0xc0, 0xf9, 0xa4, 0xb0, 0x99, 0x92, 0x82, 0xf8, 0x80,
0x90};
void delay (void)                /*1s 的延时子程序*/
{unsigned char i, j, k;
  for (i=20; i>0; i--)
    for (j=200; j>0; j--)
      for (k=250; k>0; k--) ;
```

```
}

void main ()                    /*主函数*/
{unsigned char i = 0;
    for (; i<10; i++)
    { P0 = sm [i];
        delay () ; }            /*调用延时子程序*/
}
```

2. 动态显示

用单片机开发板实现四个数码管显示"5678"的功能。本单片机开发板 I/O 口与数码管的连接方式为动态显示方式。动态显示的字段码和位选见表 5-3。数码管动态显示的电路如图 5-7 所示。动态显示虽然能够少占用 I/O 口资源，但是软件比较复杂，占用 CPU。

表 5-3　动态显示字段码和位选

步骤	送 P0 口数据	送 P2 口数据	显示内容
1	92H	10H	5— — —
2	82H	20H	—6— —
3	0F8H	40H	— —7—
4	80H	80H	— — —8
5	重复 1~4 步（—表示没有显示）		
视觉效果			显示"5 6 7 8"

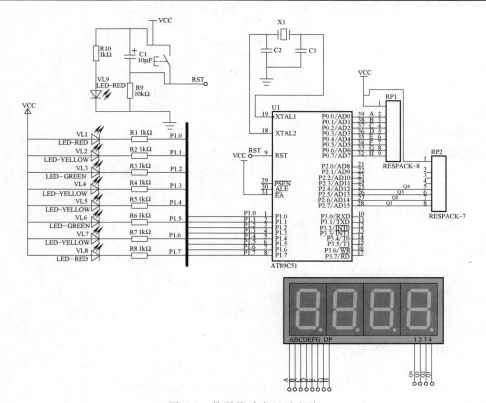

图 5-7　数码管动态显示电路

（1）流程图　数码管动态显示流程图如图 5-8 所示。

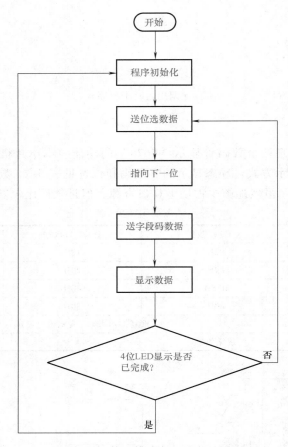

图 5-8　数码管动态显示流程图

（2）源程序

1）汇编语言源程序。

```
ORG      0000H              ;定位伪指令,作用是让下面的程序代码从程序存储器中的
                            0000H 这个地址开始存放

         LJMP    MAIN
         ORG     0100H
MAIN:    MOV     R0,#05H
         MOV     R1,#10H
         MOV     R2,#04H
         MOV     DPTR,#TAB         ;送字段码表头地址至 DPTR
LOOP:    MOV     A,R1
         MOV     P2,A
         RR      A
         MOV     R1,A              ;保存位选值到 R1
         MOV     A,R0
```

```
        MOVC     A,@ A+DPTR        ;查表指令,取要显示数据的字段码
        MOV      P0,A              ;送字段码值至 P0 口
        LCALL    DEL5MS            ;延时 5ms
        INC      R0                ;显示数据加 1
        DJNZ     R2,LOOP           ;显示完 4 位数据,再重新开始显示
        SJMP     MAIN
DEL5MS:
        MOV      R7,#10
DEL1:   MOV      R6,#250
        DJNZ     R6,$
        DJNZ     R7,DEL1
        RET
TAB:    DB       0C0H,0F9H,0A4H,0B0H,99H,92H,82H,0F8H,80H,90H,88H
END
```

2）C 语言源程序。

```
/*动态显示,让四个共阳数码管显示四个不同的数字,如 5678*/
#include "reg51.h"
unsigned char sm[10]={0xc0,0xf9,0xa4,0xb0,0x99,0x92,0x82,0xf8,0x80,0x90};
unsigned char wm[4]={0x10,0x20,0x40,0x80};

void delay1ms(void)                     /*1ms 的延时子程序*/
{unsigned int i,j;
  for (i=10;i>0;i--)
    for(j=100;j>0;j--)
      ;
}
void main()                             /*主函数*/
 { unsigned int a,b=0;
  while(1)
   {for(a=5;a<9;a++)
   {
   P2=wm[b];
   P0=sm[a];
   delay1ms();
   b++;
   if(a==8)  b=0;                       /*或 if(b==4)  b=0;*/
   }
   }
}
```

3. 思考

1）使用单片机开发板实现四个数码管同时循环显示 0~9。

2）使用单片机开发板实现四个数码管显示 "1234"。

任务 2 简易按键控制

任务要求

使用单片机开发板完成功能，按下 KEY1（按键 1），数码管显示循环减一；按下 KEY2（按键 2），数码管显示循环加一。KEY1 接 P3.4 引脚，KEY2 接 P3.5 引脚。

要点分析

按键连接的方式；独立式键盘和矩阵式键盘的区别；两种方式的扫描程序。

学习要点

5.2.1 键盘及接口

键盘是由若干个规则排列的按键组成的，它是单片机最简单的输入设备之一。

1. 按键的分类

按键分为两类：触点式开关按键（如机械式开关）和无触点式开关按键（如电气式按键）等。一般说来，单片机使用的按键是一种带触点的常开型开关，平时按键的两个触点处于断开状态，按下时它们才闭合，开关的通断即表示两种不同的电平。机械式开关断开、闭合时，都会有抖动，这种抖动人感觉不到，但对于单片机来说是完全可以感应到的，因为单片机处理的速度很快，为微秒级，而机械抖动的时间至少是毫秒级，对单片机来说，这是一段漫长的时间。所以就会出现只按一次键，但程序执行了多次的现象。这会让人误认为按键有时灵有时不灵，违背了程序编写者的初衷，造成程序执行错误。为了解决这种按键抖动带来的问题，我们必须处理抖动的现象。按键输入的抖动如图 5-9 所示。目前常用的去抖动的方法有两种：硬件方法和软件方法。硬件的去抖动方法就是按键要与一个 RS 触发器相连接后再接到 I/O 口上，这样当按键有电平变化时，RS 触发器的输出端能得到一个固定电平，这个电平输入到单片机的 I/O 口，单片机就能执行正确的操作了。硬件去抖动的原理如图 5-10 所示。软件去抖动的方法就是在单片机的 I/O 口获得低电平信息后，不是立即认定按键已经按下，而是延时 10~20ms 后再次去判断该端口的电平，如果仍然为

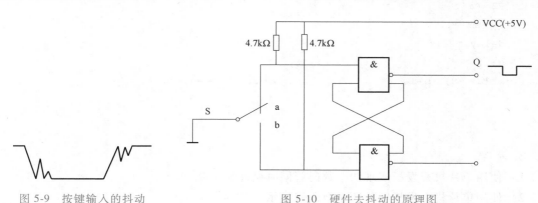

图 5-9　按键输入的抖动　　　　　　　图 5-10　硬件去抖动的原理图

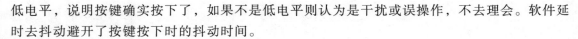

低电平，说明按键确实按下了，如果不是低电平则认为是干扰或误操作，不去理会。软件延时去抖动避开了按键按下时的抖动时间。

2. 键盘结构

常用的键盘可以分为独立式键盘和矩阵式键盘两种。

1）独立式键盘及接口。独立式键盘就是各按键互相独立，每个按键的一端单独接到单片机的一个 I/O 口上，另一端接地。通过读 I/O 口来判断各 I/O 口的电平。如果有键按下，则该 I/O 口为低电平；如果没有按键按下，则该 I/O 口为高电平。连接方式如图 5-11 所示。

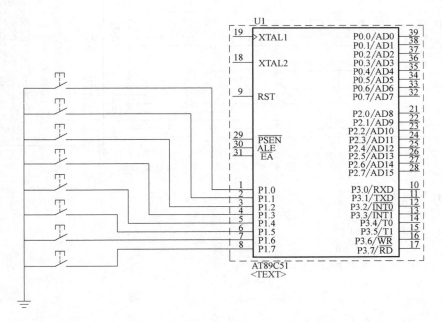

图 5-11　独立式键盘与单片机连接方式

2）矩阵式键盘及接口。在需要使用按键比较多的场合，一般采用矩阵式键盘与 I/O 口相连接，这样可以不占用太多 I/O 口资源。矩阵式键盘由行线和列线组成，按键位于行线、列线的交汇点上。当有按键按下时，行线和列线就连接到一起，没有按下时行线和列线是不相通的。连接方式如图 5-12 所示。

矩阵式键盘与单片机相连接时，对于按键的识别，即单片机如何知道哪个按键按下，一般采用逐行扫描法。第一，判断按键是否按下；第二，如果有按键按下，则要判断是哪个按键按下。

3. 键盘扫描程序

1）独立式键盘扫描程序。对图 5-11 所示的键盘与单片机连接电路进行识别，设与 P1.0 连接的按键为 SB0，依此类推。当按键 SB0 按下时，执行 KEY0 子程序，依此类推。

要点分析：采用查询方式及延时去抖动的方法确认按键是否按下，当 I/O 口对应的口线查询到有低电平，则说明有按键按下，然后再对按键逐个去判断。

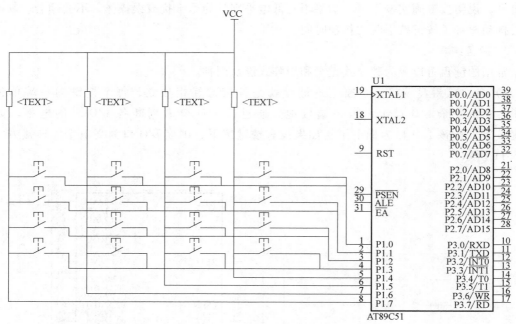

图 5-12 矩阵式键盘与单片机连接方式

参考程序如下：

```
        ORG     0000H
        LJMP    MAIN
        ORG     0030H
MAIN:   MOV     A,#0FFH
        MOV     P1,A
        MOV     A,P1
        CJNE    A,#0FFH,KEY
        AJMP    MAIN
KEY:    ACALL   DEL
        JNB     P1.0,KEY0
        JNB     P1.1,KEY1
        JNB     P1.2,KEY2
        JNB     P1.3,KEY3
        JNB     P1.4,KEY4
        JNB     P1.5,KEY5
        JNB     P1.6,KEY6
        JNB     P1.7,KEY7
        AJMP    MAIN
KEY0:   ……     ;
KEY1:   ……
KEY2:   ……
KEY3:   ……
KEY4:   ……
KEY5:   ……
```

```
KEY6:    ……
KEY7:    ……
DEL:     MOV     R0,#50
DD:      MOV     R1,#100
         DJNZ    R1,$
         DJNZ    R0,DD
         RET
         END
```

2）矩阵式键盘扫描程序。根据图 5-12 所示的按键连接方式，编写程序，识别按键是否按下，若按下则转向相应的子程序执行。

要点分析：判断是否有按键按下的方法是：将单片机的列线设为输出，行线为输入，给输出送低电平，然后读取输入行线的状态，如果有按键按下，则读进来的数据肯定不全为高电平，如果没有按键按下，则读进来的数据肯定全为高电平。要判断具体哪个按键按下的方法是：先将第一列线置 0，其余列线置 1，输出 0111，然后读取行线的电平，判断是否有按键按下。如果在第一列上有按键按下，那么对应的行线上的电平就会被拉低，变成 0 电平，其余的行线电平都是高电平。这样就可以知道是位于第一列和该行交汇点的按键按下了。如果读入的所有行线电平均为高电平，则表明该列上没有按键按下。第一列判断完后，就可以判断第二列了，方法一样，在此不重复叙述。

参考程序：

```
         ORG     0000H
         LJMP    MAIN
         ORG     0030H
MAIN:    MOV     P1,#0F0H
         MOV     A,P1
         ANL     A,#0F0H
         CJNE    A,#0F0H,NEXT1
         SJMP    MAIN
NEXT1:   ACALL   DEL20MS
         MOV     A,#0EFH
NEXT2:   MOV     R1,A
         MOV     P1,A
         MOV     A,P1
         ANL     A,#0FH
         CJNE    A,#0FH,KCODE
         MOV     A,R1
         SETB    C
         RLC     A
         JC      NEXT2
KCODE:   MOV     B,#00H          ;列扫描
NEXT4:   RRC     A               ;计算列值
         INC     B
         JC      NEXT4
         MOV     A,R1            ;取行扫描码交换至低四位
```

```
          SWAP      A
NEXT5:    RRC       A
          INC       B
          INC       B
          INC       B
          INC       B
          JC        NEXT5
NEXT6:    MOV       A,P1                ;判断键释放
          ANL       A,#0FH
          CJNE      A,#0FH,NEXT6
          MOV       R0,#0FFH            ;建立有效标志
          RET
DEL20MS:
          MOV       R7,#50
DE:       MOV       R6,#200
          DJNZ      R6,$
          DJNZ      R7,DE
          RET
          END
```

任务实施

5.2.2 任务实施步骤

1. 流程图设计

按照任务要求，通过位指令判断，确定按键，根据键值决定执行数码管的显示值增或减，流程如图 5-13 所示。

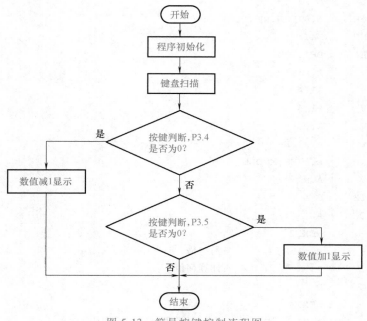

图 5-13 简易按键控制流程图

程序设计所需要用到的新指令在表 5-4 中给出。

表 5-4　程序设计新指令表

指令类别	指令格式	指令应用
位操作指令	JNB　BIT,rel	判断 BIT 为 0,跳转到 rel
	JB　BIT,rel	判断 BIT 为 1,跳转到 rel
伪指令(位地址符号定义伪指令)	字符名称　BIT 表达式	

2. 电路选择（如图 5-11 所示）

3. 源程序

（1）汇编语言源程序

```
          KEY1    BIT P3.4                    ;定义按键
          KEY2    BIT P3.5
          ORG     0000H
          LJMP    MAIN
MAIN:     MOV     P2,#0FFH                    ;打开数码管位显示
          MOV     P0,#0FFH                    ;数码管显示初始化
          MOV     R0,#17                      ;显示字符个数
          MOV     R4,#0
          MOV     DPTR,#DIS_CODE
          JNB     KEY1,SUB1                   ;按键判断
          JNB     KEY2,ADD1
          AJMP    MAIN
SUB1:                                         ;数码管递减显示
          DEC     R0
          MOV     A,R0
          MOVC    A,@ A+DPTR
          MOV     P0,A
          LCALL   DELAY
          CJNE    R0,#0,SUB1
          LJMP    MAIN
ADD1:                                         ;数码管递增显示
          INC     R4
          MOV     A,R4
          MOVC    A,@ A+DPTR
          MOV     P0,A
          LCALL   DELAY
          CJNE    R4,#16,ADD1
          LJMP    MAIN
DELAY:    MOV     R3,#20
D1:       MOV     R2,#10
D2:       MOV     R1,#0FFH
          DJNZ    R1,$
```

```
        DJNZ      R2,D2
        DJNZ      R3,D1
        RET
DIS_CODE:
        DB 0C0H,0C0H,0F9H,0A4H,0B0H,99H,92H,82H,0F8H,80H,90H,88H,83H
        DB 0C6H,0A1H,86H,8EH
        END
```

（2）C语言源程序

```
/*当与 P3.4 连接的按键按下时,数码管数值从 9 开始减 1 显示*/
/*当与 P3.5 连接的按键按下时,数码管从 1 开始加 1 显示到 9*/
#include <reg51.h>
#define    uint unsigned int
#define    uchar unsigned char
uchar sm[10]={0xc0,0xf9,0xa4,0xb0,0x99,0x92,0x82,0xf8,0x80,0x90};
sbit key1=P3^4;
sbit key2=P3^5;
uint num1=0,num2=9;
void delay(uint x)
{ uint j,k;
for(;x>0;x--)
  for(j=20;j>0;j--)
    for(k=50;k>0;k--);}


void main()
{
 while(1)
  { if(key1==0)
    {delay(5);
    if(key1==0)
    { while(! key1)
       if(num1==10)
         num1=0;
       { P2=0x10;
       P0=sm[num1];
       delay(50);
       num1++;   }
     }}
     else if(key2==0)
     { delay(5);
       if(key2==0)
       { while(! key2)
       if(num2==-1)
         num2=9;
```

```
    { P2 = 0x10;
      P0 = sm[num2];
      delay(50);
      num2--;
      }
    }
  }
}
}
```

4. 思考

1）如何实现按键按下一次，显示的数值减 1 显示，直到数值为 0？

2）如何实现按键按下一次，显示的数值加 1 显示，直到数值为 F？

任务 3　串 行 通 信

任务要求

使用单片机开发板或单片机仿真软件实现单片机与 PC（Personal Computer，个人计算机）串行口连接通信，这里的 PC 可以用虚拟终端代替，完成 PC 向单片机发送字符然后把接收到的字符返回 PC 端显示，从而实现单片机与 PC 串行口通信任务。通信要求：使用查询法接收和发送数据，采用串行口工作方式 1，波特率为 4800bit/s，PC 向单片机发送字符，单片机收到字符后返回原字符，在虚拟终端显示。虚拟终端设置波特率为 4800bit/s，数据位为 8，奇偶校验为无，停止位为 1。

要点分析

1）单片机的串行通信原理。

2）单片机与 PC 串行口如何连接。

3）虚拟终端的使用。

学习要点

单片机通过串行口与计算机连接，它们之间要进行数据传送，所发送的信息内容我们看不到（增加相关扩展电路可以），为了能够在计算机端看到单片机发出的数据，我们必须借助单片机仿真软件的虚拟终端来完成这个任务。

5.3.1　串行通信的概念

在很多情况下，计算机的 CPU 与外部设备、计算机与计算机之间要进行信息交换，那这些信息是怎样传递的呢？信息的传递我们叫作数据通信，数据通信的方式有两种：串行通信和并行通信。

串行通信时，数据字节一位一位顺序传送，通过串行口实现。并行通信时，数据的各位同时传送。这两种通信各有优缺点。串行通信传输数据的时候只需要一对传送线，硬件成本大大降低，适用于远距离通信；而并行通信传输速度快，缺点是需要的传送线多，硬件成本高，一般适用于短距离通信。在这个任务中我们重点讨论串行通信技术。

5.3.2 串行通信技术

按照串行数据的时钟控制方式，串行通信分为异步通信和同步通信两类。

1. 异步通信

在异步通信中，数据是以字符为单位组成字符帧传送的。发送端和接收端由各自独立的时钟来控制数据的发送和接收，两时钟彼此独立，互不同步。异步通信的字符帧格式如图5-14所示。

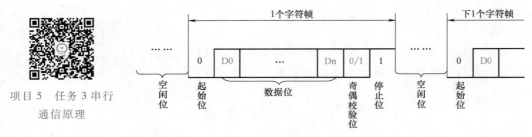

项目5 任务3串行
通信原理

图 5-14 异步通信的字符帧格式

1）字符帧。在异步通信中，接收端是依靠字符帧（Character Frame）格式来判断发送端是何时开始发送及何时结束发送的。字符帧也称为数据帧，由起始位、数据位、奇偶校验位和停止位4部分组成，如图5-14所示。在异步通信中，两个相邻字符帧之间是否有空闲位，由用户来决定。

2）波特率。波特率（Baud Rate）为每秒钟传送二进制数码的位数，也称为比特数，单位为bit/s，即位/秒。波特率用于表征数据传输的速率，波特率越高，数据传输速率越高。但波特率和字符的实际传输速率不同，字符的实际传输速率是每秒内所传送的字符帧的帧数，和字符帧格式有关。异步通信的波特率通常为50~9600bit/s。

异步通信的优点是不需要传送同步时钟，字符帧长度不受限制，故设备简单。缺点是字符帧中因包含起始位和停止位而降低了有效数据的传输速率。

2. 同步通信

同步通信（Synchronous Communication）是一种连续串行传送数据的通信方式，一次通信只传输一帧信息。这里的信息帧和异步通信的字符帧不同，通常有若干个数据字符，如图5-15所示。信息帧通常由同步字符SYN、数据字符和校验字符CRC这3部分组成。在同步通信中，同步字符可以采用统一的标准格式，也可以由用户约定。

图 5-15 同步通信的信息帧格式

同步通信的优点是数据传输速率较高，通常可达56000bit/s或更高，其缺点是要求发送时钟和接收时钟必须保持严格同步。同步通信的同步方法有外同步、自同步两种，如图5-16所示。

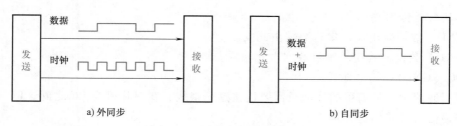

图 5-16 同步通信的同步方法

3. 串行通信的方向制式

按照数据传送方向，串行通信可分为单工（Simplex）、半双工（Half Duplex）和全双工（Full Duplex）3 种制式，如图 5-17 所示。

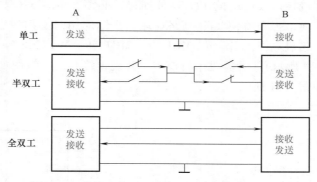

图 5-17 单工、半双工和全双工串行通信示意图

5.3.3 串行通信的接口电路

串行通信的接口电路的种类和型号很多，能够完成异步通信的硬件电路称为 UART，即通用异步接收器/发送器；能够完成同步通信的硬件电路称为 USRT；既能够完成异步通信又能完成同步通信的硬件电路称为 USART。

从本质上说，所有的串行通信接口电路都是以并行数据形式与 CPU 连接，以串行数据形式与外部逻辑连接。它们的基本功能是从外部逻辑接收串行数据，转换成并行数据后传送给 CPU；或从 CPU 接收并行数据，转换成串行数据后输出到外部逻辑。

在单片机应用系统中，数据通信主要采用异步串行通信。在设计通信接口时，必须根据需要选择标准接口，并考虑传输介质、电平转换等问题。采用标准接口后，能够方便地把单片机和外围设备、测量仪器等有机地连接起来，从而构成一个测控系统。

异步串行通信接口主要有 RS-232C、RS-449、RS-422、RS-423、RS-485 和 20mA 电流环等，它们都是在 RS-232 接口标准的基础上经过改进而形成的。下面简要介绍常用的 RS-232C 接口。RS-232C 是指用二进制方式进行数据交换的数据通信设备（DCE）与数据终端设备（DTE）之间的接口技术。RS-232C 适合于数据传输速率在 0～20000bit/s 范围内的、短距离（小于 15m）或带调制解调器的通信场合。由于通信设备厂商都生产与 RS-232C 兼容的通信设备，因此，它作为一种标准，目前已在计算机通信接口中广泛采用。

1. RS-232C 接口的电气特性

接口引脚如图 5-18 所示。

基本的数据传送端：

- TXD：数据输出端，串行数据由此发出。
- RXD：数据输入端，串行数据由此输入。
- SG（GND）：信号地线。

在串行通信中，最简单的通信只需要连接这三根线，在单片机与PC之间、PC与PC之间的数据通信常常采用这种连接方式。

2．RS-232C 与单片机的连接

由于RS-232C是在TTL（Transistor-Transistor Logic，晶体管-晶体管逻辑）电路之前研制的，与TTL电路以高低电平表示逻辑状态的规定不同，RS-232C是用正负电压来表示逻辑状态的。RS-232C采用负逻辑：3~15V为逻辑"0"；-15~-3V为逻辑"1"；-3~3V为过渡区。

为了能够同计算机接口或终端的TTL器件连接，必须在RS-232C与TTL电路之间进行电平和逻辑关系的变换，否则将使TTL电路烧坏，实际应用时必须注意！实现这种变换可用分立元件，也可用集成电路芯片（如MC1488、MC1489、MAX232等），以MAX232为例（其引脚排列如图5-19所示），计算机串行口与单片机连接原理示意图如图5-20所示，串行口连接硬件电路图如图5-21所示。

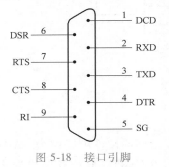

图 5-18　接口引脚

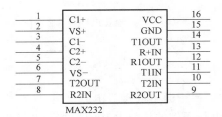

图 5-19　MAX232 的引脚排列

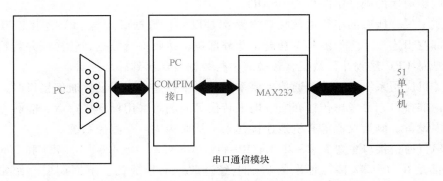

图 5-20　计算机串行口与单片机连接原理示意图

备注：PC COMPIM是与计算机串行口DB9相连的插头。DB9的引脚排列及连接方法如图5-22所示。

5.3.4　单片机串行口的结构与控制寄存器

1．单片机串行口的结构

单片机串行口的结构如图5-23所示。它主要由数据接收缓冲器SBUF、数据发送缓冲

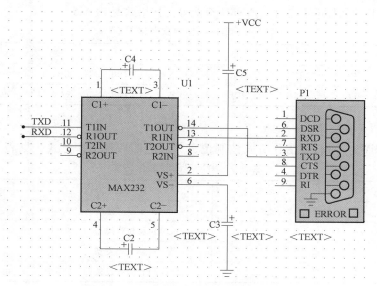

图 5-21 串行口连接硬件电路图

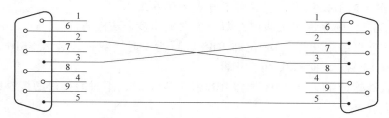

图 5-22 DB9 的引脚排列及连接方法

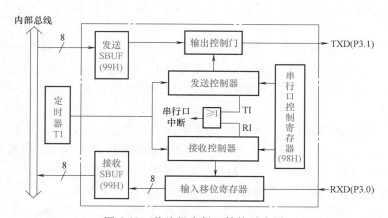

图 5-23 单片机串行口结构示意图

SBUF、电源控制寄存器 PCON、串行口控制寄存器 SCON、发送控制器 TI、接收控制器 RI、输入移位寄存器及输出控制门等组成。

2. 控制寄存器

与 51 单片机串行口有关的特殊功能寄存器有 SCON、PCON 及 SBUF。

（1）串行口控制寄存器 SCON   SCON 用来控制串行口的工作方式和状态，可以位寻址，字节地址为98H。单片机复位时，所有位全为0。其格式见表5-5。

表5-5 串行口控制寄存器 SCON

SCON	D7	D6	D5	D4	D3	D2	D1	D0
位符号	SM0	SM1	SM2	REN	TB8	RB8	TI	RI
位地址	9FH	9EH	9DH	9CH	9BH	9AH	99H	98H

其中各位的含义如下：

1）SM0、SM1：串行口工作方式控制位，共对应了四种工作方式，见表5-6。

表5-6 串行口四种工作方式

SM0	SM1	工作方式	功能描述	波特率
0	0	方式0	同步移位寄存器	f/12
0	1	方式1	10位移位收发器	由定时器控制
1	0	方式2	11位移位收发器	f/32 或 f/64
1	1	方式3	11位移位收发器	由定时器控制

注：f 为晶振频率。

2）SM2：多机通信控制位，主要用于方式2和方式3。

① 若SM2为1，则允许多机通信，即一个主机和多个从机通信。

当从机接收数据的第9位（D8位即RB8位）为1时，数据才装入SBUF，并将串行口接收中断标志位RI置1，向CPU申请中断。

当从机接收数据的第9位（D8位即RB8位）为0时，不对串行口的接收中断标志位RI置位，信息丢失。

② 若SM2为0，则不属于多机通信的情况。

当接收到一帧数据后，不管第9位数据是0还是1，都要置RI为1，并将收到的数据装入SBUF中。

以上是工作在方式2和方式3的情况。串行口工作在方式0时，SM2必须置为0；而工作在方式1时，只有收到有效停止位时，RI才置为1，以便接收下一帧数据。

3）REN：允许接收控制位。当REN＝1时，允许接收；当REN＝0时，禁止接收。此位由软件置1或清零。

4）TB8：发送数据的第9位。用于方式2和方式3中，在方式0和方式1中此位未用。

多机通信协议中规定：发送数据的第9位（D8位即TB8位）为1，说明本帧为地址帧；发送数据的第9位（D8位即TB8位）为0，说明本帧为数据帧。

TB8还有另一功能，就是做奇偶校验位。此位由软件置1或清零。

5）RB8：接收数据的第9位。用于方式2和方式3中，在方式0和方式1中此位未用。

与TB8类似，它可约定做接收到的地址/数据标志位，还可约定做接收到的奇偶校验位。在多机通信的方式2和方式3中，SM2＝1时，若RB8＝1，说明收到的数据为地址帧；反之为数据帧。

在方式1中，若SM2＝0（不是多机通信情况）时，RB8中装入的是接收到的停止位。

6）TI：发送中断标志位，表示发送完成。

在一帧数据发送结束时TI被置1，向CPU表示数据发送缓冲器SBUF已空，让CPU可以准备发送下一帧数据。串行口发送中断被响应后，TI 不会自动复位，必须用软件清 0。

7）RI：接收中断标志位，表示接收数据就绪。

在接收到一帧有效数据后，由硬件将 RI 置 1 去申请中断，表示一帧数据已接收完毕，并装入了数据接收缓冲器 SBUF 中，要求 CPU 响应中断取走数据。RI 同样不能自动清 0，必须用软件清 0。

TI 和 RI 共用一个中断源，CPU 不知道是发送中断 TI 还是接收中断 RI，所以还必须用软件来判别。

单片机复位后，串行口控制寄存器 SCON 的所有位均清 0。

（2）电源控制寄存器 PCON   PCON 不可位寻址，它的字节地址是 87H。PCON 的低 4 位是掉电方式控制位。只有它的最高位 SMOD 与串行口的工作有关，用于串行通信波特率的控制。PCON 的格式见表 5-7。

表 5-7   电源控制寄存器 PCON

PCON	D7	D6	D5	D4	D3	D2	D1	D0
位符号	SMOD	—	—	—	GF1	GF0	PD	IDL

其中的 SMOD 为波特率倍增位：

若 SMOD = 1，在串行口工作在方式 1、2、3 的条件下，波特率提高一倍；若 SMOD = 0，在串行口工作在方式 1、2、3 的条件下，波特率不提高一倍。单片机复位时，SMOD = 0。

3. 工作方式及波特率的设置

（1）工作方式   根据实际需要，AT89S51 单片机的串行口可以设置四种工作方式，可以有 8 位、10 位和 11 位的三种帧格式。

方式 0 以 8 位数据为一帧传输，不设起始位和停止位，先发送或接收最低位。其帧格式如图 5-24 所示。

图 5-24   方式 0 的 8 位数据传输帧格式

方式 1 以 10 位为一帧传输，设有一个起始位 "0"、8 个数据位和 1 个停止位 "1"，其帧格式如图 5-25 所示。

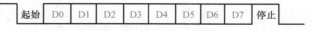

图 5-25   方式 1 的 10 位数据传输帧格式

方式 2 和方式 3 以 11 位为一帧传输，设有一个起始位 "0"、8 个数据位、一个附加第 9 位和 1 个停止位 "1"。附加的第 9 位（D8）由软件置 1 或清 0，发送时在 TB8 中，接收时在 RB8 中。其帧格式如图 5-26 所示。

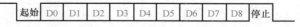

图 5-26   方式 2 和方式 3 的 11 位数据传输帧格式

1）串行口工作方式 0。此工作方式为同步移位寄存器输入/输出方式。它可以外接移位寄存器以扩展并行 I/O 口，也可以外接同步输入/输出设备。此时用 RXD（P3.0）来输入/输出 8 位串行数据，用 TXD（P3.1）来输出同步脉冲。此方式的波特率是固定的，为 f/12 （f为晶振频率）。

① 串行口用于扩展为并行输出口的工作原理。

a. 电路结构与时序：它由 CPU 和 8 位移位寄存器 74LS164 组成，其电路结构与时序如图 5-27 所示。

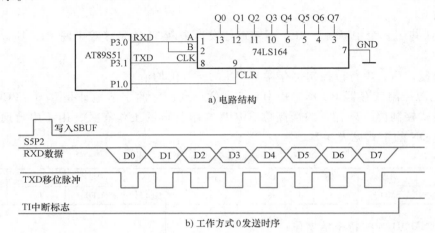

a) 电路结构

b) 工作方式0发送时序

图 5-27　串行口用于扩展为并行输出口的工作原理图

b. 串行数据转为并行输出的工作过程：当 CPU 执行了一条对数据发送缓冲器 SBUF 的写指令 "MOV SBUF，A"，立即启动发送，将 8 位数据以 f/12 的固定波特率从 RXD 输出，低位在前，高位在后，在 TXD 的脉冲为时钟信号的作用下，数据一位一位装入 74LS164。对移位寄存器 74LS164 来说，为 "串入并出"。发送完一帧数据后，中断标志位 TI 由硬件置 1。可以通过查询 TI 位来确定是否发送完一组数据，TI=1 表示数据发送缓冲器已空。另外 TI=1 也可以作为中断请求信号，向 CPU 申请串行口发送中断，TI=1 表示 SBUF 已空，可以再接收从 CPU 来的数据。当要发送下一组数据或中断响应后，需用软件使 TI 清 0，才可以发送下一组数据。

② 串行口用于扩展为并行输入口的工作原理。

a. 电路结构与时序：它由 CPU 和 8 位移位寄存器 74LS165 组成，如图 5-28 所示。其时序如图 5-29 所示。

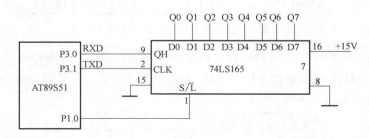

图 5-28　串行口用于扩展为并行输入口的电路结构

b. 串行数据转为并行输入的工作过程：当串行口以方式 0 接收数据时，先置位允许接收控制位 REN 为 1。此时，RXD 为串行数据输入端，TXD 仍为同步移位脉冲输出端。当接收中断标志位 RI=0 和允许接收控制位 REN=1 同时满足时，就启动了一次接收。数据从

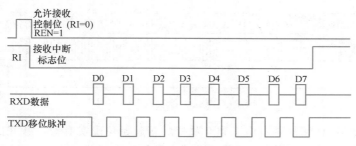

图 5-29　串行口用于扩展为并行输入口的时序

RXD 端串行输入到 CPU 内的数据接收缓冲器 SBUF，在 TXD 的同步移位脉冲作用下，从 74LS165 一位一位地取出数据，对移位寄存器 74LS165 来说，为"并入串出"。RXD 端由 D0（低位）开始接收数据，当接收完第 8 位数据时，由硬件置位 RI。可以通过查询 RI 位来确定是否接收到一组数据，RI＝1 表示接收数据已装入数据接收缓冲器 SBUF，可以由 CPU 用指令来读取，另外 RI＝1 也可以作为中断请求信号，向 CPU 申请串行口接收中断，RI＝1 表示 SBUF 已满，CPU 可以读取 SBUF 中的数据了。当接收完一组数据或中断响应后，需用软件使 RI 清 0，以准备接收下一组数据。

2）串行口工作方式 1。此方式是最常用的 10 位且波特率可调的异步串行数据通信方式。其中有 1 位起始位"0"，8 位数据位（低位在前），1 位停止位"1"。起始位和停止位是在发送时自动插入的。TXD 和 RXD 分别用于发送和接收 1 位数据。接收数据时，停止位进入串行口控制寄存器 SCON 的 RB8 位中（位地址 9AH）。

① 串行口工作方式 1 发送数据的工作原理。

a. 发送数据时序图：如图 5-30 所示。

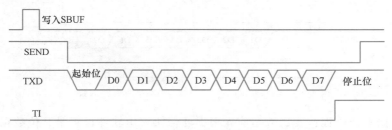

图 5-30　方式 1 发送数据时序图

b. 工作过程：发送条件是 TI＝0 。CPU 执行一条写入 SBUF 指令后，启动了串行口工作，开始发送数据。数据从 TXD 端输出，控制输出数据的移位脉冲的频率由内部定时器 1（T1）决定。换句话说：发送信号的波特率由 T1 控制，所以方式 1 波特率是可变的。发送完一帧数据后，中断标志位 TI 置 1，向 CPU 申请中断，并且将 TXD 端也置 1 作为停止位。

② 串行口工作方式 1 接收数据的工作原理。

a. 接收数据时序图：如图 5-31 所示。

b. 工作过程：串行口工作方式 1 接收数据的条件是：串行口控制寄存器 SCON 的允许接收控制位 REN（位地址 9CH）的内容为 1，串行口控制寄存器 SCON 的接收中断标志位 RI 为 0（即无中断请求）以及检测到 RXD 上有从 1 到 0 的跳变。满足以上条件才启动接收。

平时位检测器采样脉冲以 16 倍于波特率的速率对 RXD 中每一位数据进行采样，为了保证接收的数据准确无误，对起始位采样三次（第 7、8、9 份脉冲），取其中两次相同的值进

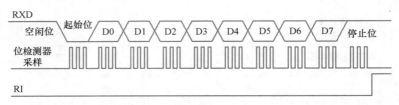

图 5-31　方式 1 接收数据时序图

行判断，用以确定 RXD 端是否有由 1 到 0 跳变。若起始位确实有效，就开始接收一帧数据。在本帧数据接收完后，还必须同时满足以下两个条件这次接收才真正有效。

一个条件是停止位为 1（或 SM2＝0）的信息装入串行口控制寄存器 SCON 的 RB8 位中，这表明数据位全部装入数据接收缓冲器 SBUF，并使串行口控制寄存器 SCON 的接收中断标志位 RI 置1。另一个条件是 RI＝0，这说明 RI＝1 的中断申请已被 CPU 响应，本帧 SBUF 中的内容已被 CPU取走，已经由软件使 RI＝0，做好了接收下一帧数据准备。否则就放弃接收的结果。

3）串行口工作方式 2 和工作方式 3。工作方式 2 和工作方式 3 都是每帧 11 位异步通信格式，由 TXD 和 RXD 发送和接收，工作过程完全相同。只是它们的波特率不同，方式 2 的波特率是固定的，方式 3 的波特率是由定时器 1 控制的。

每一帧的数据格式为：1 位起始位，8 位数据位（低位在前），1 位可编程的第 9 数据位，1位停止位。发送数据时，第 9 位数据（SCON 中的 TB8）可设置为 0 或 1，以表明不同的含义，也可以将奇偶校验位放入其中进行奇偶校验。接收数据时，第 9 位数据进入 SCON 中的 RB8。

① 串行口工作方式 2/方式 3 发送数据的工作原理。

a. 发送数据时序图：如图 5-32 所示。

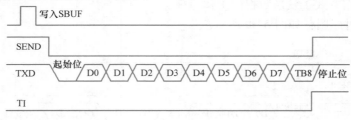

图 5-32　串行口工作方式 2/方式 3 发送数据时序图

b. 发送数据工作过程：发送数据前先根据通信协议由软件设置第 9 位数据（SCON 中的TB8），可以按奇偶校验位的规则设置，也可以按地址/数据标志位的规定设置。然后将要发送的数据写入 SBUF，就可以启动发送过程了。发送过程中串行口自动把 TB8 中的内容取出装入到第 9 数据位中，再一一发送出去。数据全部发送完后，置发送中断标志 TI 为 1，向CPU 申请中断。

② 串行口工作方式 2/方式 3 接收数据的工作原理。

a. 接收数据时序图：如图 5-33 所示。

b. 接收数据工作过程：首先使 SCON 中的 REN＝1，以允许接收。当检测到 RXD 端起始位有由 1 到 0 的跳变时，开始接收后面 9 位数据。当满足 RI＝0 且 SM2＝0 或接收的第 9 位数据为 1 时，将前 8 位数据送入 SBUF 中并将第 9 位数据装入 SCON 中的 RB8 位中，然后将RI 置 1，向 CPU 申请中断。若不满足上述条件，则放弃接收结果，也不置位 RI。

（2）波特率的设置　在串行通信中，收发双方对发送或接收的数据要有一个约定。AT89S51 单片机可约定四种工作方式（前面已讲述），其中方式 0 和方式 2 的波特率是固定

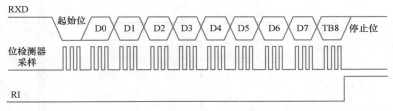

图 5-33 串行口工作方式 2/方式 3 接收数据时序图

的，方式 1 和方式 3 的波特率是可变的，由定时器 1 的溢出速率确定。

a. 方式 0 的波特率：其波特率固定为振荡频率 f 的 1/12，并不受电源控制寄存器 PCON 中的波特率倍增位 SMOD 的影响。

$$工作方式 0 的波特率=振荡频率/12$$

b. 方式 2 的波特率：其波特率由振荡频率 f 和波特率倍增位 SMOD 的值共同确定。当 SMOD=0 时，波特率为 f/64；当 SMOD=1 时，波特率为 f/32。

$$工作方式 2 的波特率=振荡频率×(2^{SMOD}/64)$$

c. 方式 1 和方式 3 的波特率：其波特率由定时器 1 的溢出速率和波特率倍增位 SMOD 的值共同确定。当 SMOD=0 时，波特率为 T1 溢出速率/32；SMOD=1 时，为 T1 的溢出速率/16。

$$方式 1、方式 3 的波特率=2^{SMOD}×T1 的溢出速率/32$$

T1 的溢出速率取决于 T1 的计数速率（计数速率=振荡频率/12）和 T1 的设定初值。T1 做波特率发生器使用时，因为方式 2 为自动重装入初值的 8 位定时器/计数器模式，所以用它来做波特率发生器最恰当，若设定的初值为 X，则每过（256-X）个机器周期，T1 就产生一次溢出。

用公式表示为：T1 的溢出速率=(f/12)/(256-X)，反过来在已知波特率的条件下，可算出 T1 工作在方式 2 的初值：X=256-f×(SMOD+1)/(384×波特率)

常用波特率与其他相关参数间的关系见表 5-8。

因为初值必须为整数，而当系统时钟频率选用 11.0592MHz 时，计算而得的波特率就是整数，如 2400bit/s、4800bit/s、9600bit/s、19200bit/s 等，这就是设计单片机开发板时选用这个看起来"不整齐"的晶振的原因。

表 5-8 常用波特率与其他相关参数间的关系

串行口				T1		
串行口工作方式	波特率	f	SMOD	C/$\overline{T}$	工作方式	定时器初值
方式 0	1Mbit/s	12MHz	无关	无关	无关	无关
方式 2	375kbit/s	12MHz	1	无关	无关	无关
	187.5kbit/s		0			
方式 1 或方式 3	62.5kbit/s	11.0592MHz	1	0	2	FFH
	19.2kbit/s		1			FDH
	9.6kbit/s					FDH
	4.8kbit/s					FAH
	2.4kbit/s		0			FAH
	1.2kbit/s					E8H
	137.5bit/s					1DH
	110bit/s	12MHz			1	FEEBH

（续）

串行口				T1		
串行口工作方式	波特率	f	SMOD	C/$\overline{\text{T}}$	工作方式	定时器初值
方式0	500kbit/s		无关	无关	无关	无关
方式2	187.5kbit/s					
方式1或方式3	19.2kbit/s	6MHz	1	0	2	FEH
	9.6kbit/s					FDH
	4.8kbit/s					FDH
	2.4kbit/s					FAH
	1.2kbit/s		0			F4H
	600bit/s					E8H
	110bit/s					72H
	55bit/s				1	FEEBH

任务实施

5.3.5　任务实施步骤

1. 流程图设计

流程图如图 5-34 所示。

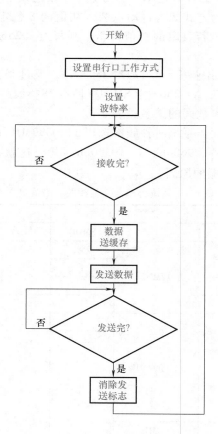

图 5-34　串行通信流程图

2. 电路选择

为了能够显示传输内容，在仿真软件中选择虚拟终端来实现，如图 5-35 所示。

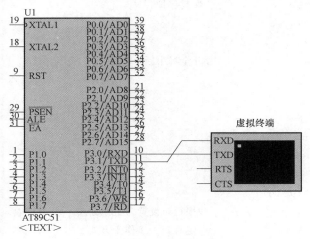

图 5-35　单片机与 PC 通信电路连接

3. 源程序

（1）汇编语言源程序

```
        ORG     0000H
        JMP     MAIN
        ORG     0023H           ;串行中断入口地址
        CALL    URT_INT         ;调用串行中断服务子程序
        ORG     0030H
MAIN:
        MOV     SCON,#50H       ;设置成串行口工作方式在 8 位,并允许接收
        MOV     TMOD,#20H       ;设置 T1 工作方式 2
        ORL     PCON,#80H       ;波特率加倍
        MOV     TL1,#0F3H       ;11.0592MHz,波特率 4800bit/s 时定时器 1 的初值设置
        MOV     TH1,#0F3H
        SETB    TR1             ;开启定时器
        SETB    ES              ;开启串行中断
        SETB    EA              ;开总中断
        SJMP    $               ;等待中断
;串行中断服务子程序
URT_INT:
        CLR     EA              ;关全局中断
        CLR     RI              ;清除接收中断标志
        PUSH    DPL             ;现场保护
        PUSH    DPH
        PUSH    ACC
        MOV     A,SBUF          ;接收到数据后将数据返回
        MOV     SBUF,A          ;将接收的数据送回 PC
```

```
        JNB     TI,$                    ;等待发送是否完成
        CLR     TI                      ;发送完成,则清发送中断标志
        POP     ACC                     ;恢复保护
        POP     DPH
        POP     DPL
        SETB    EA                      ;开全局中断
        RETI
        END
```

（2）C 语言源程序

```c
#include<reg51.h>
#define uchar unsigned char
uchar dat;
void init_serial(void)
{ SCON=0x50;                    //串行口设置为工作方式1,允许接收
  TMOD=0x20;                    //定时器1工作于方式2
  PCON=0x80;
  TH1=0xf3;                     //装入时间常数,波特率为4800bit/s
  TL1=0xf3;
  RI=0;
  TI=0;
  TR1=1;                        //启动定时器1
  EA=1;                         //开中断
  ES=1;                         //允许串行中断
}
void serial(void) interrupt 4
{
  if(RI==1)                     //等待接收数据
    { RI=0;                     //清除接收中断标志
      dat=SBUF;                 //读取数据
      SBUF=dat;                 //将数据转发出去
    }
  else if(TI==1)                //如果数据已发送完
      TI=0;                     //清除发送标志
}
void main(void)
  {
    init_serial();              //初始化程序
    while(1);
  }
```

　　由于与 PC 的串行通信需要 PC 配有串行口，为了验证方便，在这里使用的是仿真软件调试。编写好程序并编译连接好之后，生成相应的十六进制代码，将代码下载到仿真电路图中，单片机的晶振频率为 11.0592MHz。在 Proteus ISIS 中打开"Debug"下拉菜单，在菜单

中选中"Use Remote Debug Monitor"选项以支持 Keil 的联合调试。然后在 Keil 中选择"De-bug"中的"Start/Stop Debug Session"选项，进入程序调试环境。打开 Proteus ISIS 界面，在"Debug"菜单中单击"Virtual Terminal"选项，打开虚拟终端窗口，在键盘上按键，在虚拟终端窗口中会显示相应的字符。

提示：使用仿真软件时，一定要注意虚拟终端的设置与程序的设置保持一致！

任务4　医院病人呼叫系统

 任务要求

使用单片机实现医院病人呼叫系统。我们需要用两个单片机分别作为医院值班室一端和病人一端。病人一端按下求助按钮，在值班室的医务人员看到有呼叫提示和显示，就知道哪个病床需要救助。前面各任务对这个系统所需的各个知识点逐一讲解，现在要实现整个系统的功能，我们必须对前面的几个任务有所理解和掌握，把前面所学到的知识巧妙地综合应用到这个任务中去。

 要点分析

1）如何使用两个单片机实现信息的传递。

2）信息传送到另外一端后，怎么进行显示，如何产生声光报警信号。

3）两个单片机的程序要分别编写和编译产生 hex 文件，在仿真软件里面分别把两个 hex 文件下载进去。

 任务实施

1）我们先根据这个任务的要求用仿真软件把硬件电路线设计并画出来。

2）通过编程软件编写两个单片机的程序。

下面我们看图 5-36 所示的仿真电路图。

根据以上电路仿真图，电路的左边部分相当于医院的值班室，这个地方要接收病床的呼叫，有病人呼叫同时就会伴有声光报警，提示医务人员有病人需要救助，电路的右边相当于病人一端，有求助按钮。

参考程序如下：

```c
/* 双机通信的 A 机部分的程序,相当于医院的病人呼叫端* /
#include <reg51.h>
#define uint unsigned int
#define uchar unsigned char
sbit  K1 = P3^7;
sbit  K2 = P3^6;
sbit  K3 = P3^5;
sbit  K4 = P3^4;
uchar num ;
void delay(void)
```

B机接收机(相当于医院值班处)

A机发送机(相当于病人呼叫端)

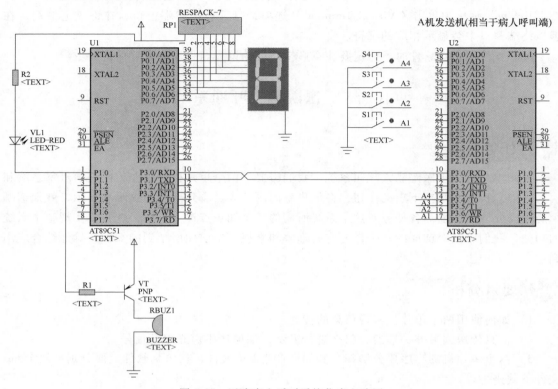

图 5-36　医院病人呼叫系统仿真电路图

```
{ uint j,k;
  for(j=50;j>0;j--)
    for(k=50;k>0;k--);}
void main()
{

    SCON=0x50;              // 串行口设置为工作方式1
    TMOD=0x20;              // T1 工作于方式 2
    PCON=0x00;              //SMOD=0
    TH1= 0xfd;              //装入初值,波特率 9600bit/s
    TL1= 0xfd;
    TI=0;                   //标志位初始化
    RI=0;
    TR1=1;                  //启动 T1
    num=0;

    while(1)
    {
```

```
    if(K1==0)                  //等待 S1 按下
      { delay();
        if(K1==0) ;
        num=1;    }
      else  if(K2==0)
      { delay();
        if(K2==0)  ;
        num=2;
      }
      else  if(K3==0)
      { delay();
        if(K3==0) ;
        num=3;
      }
      else  if(K4==0)
      { delay();
        if(K4==0)  ;
        num=4;
      }
              SBUF=num;
      while(TI == 0);   //等待发送完成
      TI=0;
    }
  }
/*双机通信中的 B 端,相当于医院值班室*/
#include <reg51.h>
#define uint unsigned int
#define uchar unsigned char
uchar code zftab[]={0x3f,0x06,0x5b,0x4f,0x66,0x6d,0x7d,0x07,0x7f,0x6f};
sbit  led=P1^0 ;
sbit  fw=P1^7  ;
void main()
{

  P0=zftab[0];              // 初始显示
  SCON=0x50;                // 串行口设置为工作方式 1,允许接收
  TMOD=0x20;                // T1 工作于方式 2
  PCON=0x00;                //SMOD=0
  TH1= 0xfd;                //装入初值,波特率 9600bit/s
  TL1= 0xfd;
  TI=0;                     //标志初始化
  RI=0;
  TR1=1;                    //启动 T1
```

```
    EA=1;                    //CPU 开中断
    ES=1;                    //允许串行中断
    while(1)                 {  if(fw==0)  {SBUF=0;P0=zftab[SBUF];led=1; } }

}

void Serial() interrupt 4 //串行中断
{
    if(RI==1)                //等待接收数据
    {
      RI=0;
        P0=zftab[SBUF];  //显示接收到的数据
if(SBUF! =0)  led=0;}
    }
```

　　这两个程序我们要分别进行编译产生不同的可执行代码，然后在仿真软件中分别将可执行代码下载到不同的单片机，即 A 机的程序下载到单片机 A，B 机的程序下载到单片机 B。下载完毕后，我们可以看到仿真效果。

项 目 小 结

　　1）数码管显示字符时，关键是选择好要显示的位，给相应端口一个正确的赋值；其次就是写好字段码表，设置相应数组。需要特别注意的是数码管的极性，共阳则低电平有效，共阴则高电平有效，位选则相反。

　　2）在处理按键的抖动时注意一定要有延时，经过抖动时间再去判断，这样才能正确判断按键是否真的按下，否则会导致程序执行错误。

　　3）要使蜂鸣器发出响声就要给与蜂鸣器连接的端口一个正确的电平。

　　4）串行通信要注意硬件电路的连接和原理以及仿真软件的使用。在串行通信时要注意发、收两端的波特率必须一致。

练 习 五

一、填空题

1. AT89S51 单片机引脚中，与串行通信有关的引脚是＿＿＿＿＿和＿＿＿＿＿。

2. 共阳数码管显示 6 时的字段码是＿＿＿＿＿，共阴数码管显示 9 时的字段码是＿＿＿＿＿。

二、判断题

（　　）1. AT89S51 单片机的串行口设置了 1 个 SBUF 即可实现全双工通信。

（　　）2. AT89S51 单片机的串行口只有 2 种工作方式。

（　　）3. 假设传输的数据一帧有 11 位，每秒传输 30 帧，则此时的波特率应为 330bit/s。

（　　）4. AT89S51 单片机的串行口是全双工的。

（　　）5. 在使用按键时要消除按键的抖动，可以通过改进硬件或软件编程的方法来实现。

（　　）6. 对按键进行扫描时采用软件延时去除抖动，延时时间越短越好。

（　　）7. 4×4 矩阵键盘需要 16 根数据线进行连接。

三、选择题

1. 下列英文缩写代表"串行口控制寄存器"的是（　　　）。

A. SCON　　　　　　B. TCON　　　　　C. SMOD　　　　　D. TMOD

2. 串行通信中，发送和接收寄存器是（　　　）。

A. TMOD　　　　　　B. SBUF　　　　　C. SCON　　　　　D. DPTR

3. 控制串行口工作方式的寄存器是（　　　）。

A. TMOD　　　　　　B. PCON　　　　　C. SCON　　　　　D. TCON

4. 串行口每一次传送（　　　）字符。

A. 1个　　　　　　　B. 1串　　　　　　C. 1帧　　　　　　D. 1波特

5. 当 AT89S51 单片机进行多机通信时，串行口的工作方式应选为（　　　）。

A. 方式0　　　　　B. 方式1　　　　　C. 方式2　　　　　D. 方式0或方式2

6. AT89S51 单片机串行口发送/接收中断源的工作过程是：当串行口接收或发送完一帧数据时，将 SCON 中的（　　　），向 CPU 申请中断。

A. RI 或 TI 置 1　　　　　　　　　　B. RI 或 TI 置 0

C. RI 置 1 或 TI 置 0　　　　　　　　D. RI 置 0 或 TI 置 1

四、简答题

1. 串行通信按时钟的控制方式可分为哪几种？

2. 什么是波特率？

3. 假设单片机的串行口每秒传送 200 个字符，每个字符 1 个起始位、8 个数据位、1 个校验位和 1 个停止位，其波特率是多少？

4. 与串行口的工作相关的特殊功能寄存器有哪些？

5. 单片机双机通信时，应如何接两机的 RXD 和 TXD 引脚？

6. 简述在使用普通按键的时候，为什么要进行去抖动处理以及如何处理。

7. 什么是数码管静态显示和动态显示？简述数码管动态显示的原理及其实现方式。

五、编程题

1. 要求用单片机控制七段数码管循环显示数字 0~9，时间间隔任意。采用并行输出控制八段数码管，设小数点不亮，采用共阴顺序确定 0~9 的字段码，即数码管为共阴数码管。

2. 设计一个 4 位数码显示电路，编程使"8"从右到左显示一遍。

项目6 电子仪器设计

 学习要求

1）掌握 A-D、D-A 转换的常用方法。
2）了解 ADC0809、DAC0832 芯片的使用方法。
3）掌握单片机的常用 A-D 转换、D-A 转换的编程。
4）熟练掌握 STC12C5A60S2 单片机的 A-D 编程方法。
5）可以完成模数转换、数模转换电路设计。
6）具备良好的沟通能力。

 知识点

1）A-D 转换的原理。
2）D-A 转换的原理。
3）两种单片机进行 A-D 转换的区别。

任务1 数字电压表设计（AT89S51 芯片）

 任务要求

通过可调电阻改变输入端的模拟电压，要求通过单片机在数码管上显示输出电压的值。

 要点分析

掌握 A-D 转换的典型芯片 ADC0809 的使用，以及正确的编程控制方法。

 学习要点

由于计算机本身只能处理二进制代码（数字量），而在计算机应用领域中，常需要把外界连续变化的模拟量（如温度、压力、流量、速度），转换成数字量输入计算机进行加工处理。另外，也经常需要把计算机计算所得结果的数字量转换成连续变化的模拟量输出，用以调节执行机构，实现对被控对象的控制。把模拟量变成数字量就称为模-数转换，把数字量转换成模拟量就称为数-模转换。实现这类转换的器件，称为模-数（A-D）和数-模（D-A）转换器。本项目以 ADC0809、DAC0832 芯片为例进行学习。目前我国芯片制造面临"卡脖子"问题，大家对"中国芯"的呼声越来越高，党和国家对此十分重视，采取多项举措，大力推进关键核心技术攻关，尽快突破"卡脖子"难题。

在生产生活中，数字电压表是一种使用范围广泛的重要仪器。有时普通的单路数字电压表不能满足需要，需要用到多路数字电压表，一次完成多路电压的测量。本任务中的多路数字电压表是以 AT89S51 单片机为核心和以 ADC0809 为多路 A-D 转换器来设计的。

6.1.1 ADC0809 的主要特性

ADC0809 是采用 CMOS 工艺制造的双列直插式单片 8 位 A-D 转换器。分辨率 8 位，精度 7 位，带 8 个模拟量输入通道，有通道地址译码锁存器，输出带三态数据锁存器。启动信号为脉冲启动方式，最大可调节误差为 ±1LSB。ADC0809 内部没有时钟电路，故 CLK 时钟需由外部输入，时钟频率允许范围为 10~1280kHz，典型值为 640kHz。每通道的转换需 66~73 个时钟脉冲，大约 100~110μs。工作温度范围为 -40~85℃。功耗为 15mW，输入电压范围为 0~5V，单一 5V 电源供电。

6.1.2 ADC0809 的内部结构和外部引脚

ADC0809 的内部结构如图 6-1 所示。片内带有锁存功能的 8 路通道选择开关，可对 8 路模拟输入信号分时转换，具有通道地址锁存和译码电路、8 位逐次逼近寄存器和三态输出锁存器等。图 6-2 为 ADC0809 的外部引脚图。引脚功能介绍如下：

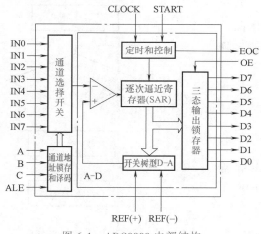

图 6-1 ADC0809 内部结构

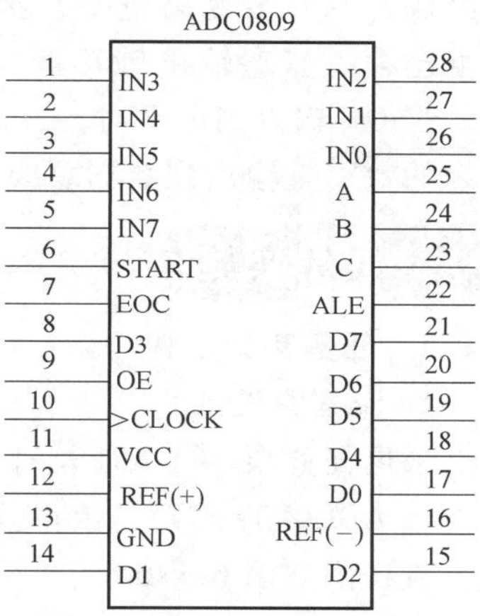

图 6-2 ADC0809 外部引脚

IN0~IN7：8 路模拟量输入端，输入。

D7~D0：8 位数字量输出端，输出，三态。

ALE：地址锁存控制信号，输入。该引脚输入一个正脉冲时，上升沿将地址选择信号 A、B、C 锁入地址寄存器。

START：启动 A-D 转换控制信号，输入，上升沿有效。当输入一个正脉冲时，便立即启动 A-D 转换，同时使 EOC 变为低电平。

EOC：A-D 转换结束信号，输出，高电平有效。EOC 由低电平变为高电平，表明本次 A-D 转换已经结束。

OE：输出允许控制信号，输入，高电平有效。OE 由低电平变为高电平，打开三态输出锁存器，将转换的结果输出到数据总线上。

REF（-）、REF（+）：片内 D-A 转换器的参考电压输入端。REF（-）不能为负值，REF（+）不能高于 VCC。

CLOCK：时钟输入端。频率范围为 10~1280kHz，典型值为 640kHz。

A、B、C：8 路通道选择开关的 3 位地址选通输入端，其对应关系见表 6-1。

表 6-1　ADC0809 的输入通道选择

C	B	A	选中通道	C	B	A	选中通道
0	0	0	IN0	1	0	0	IN4
0	0	1	IN1	1	0	1	IN5
0	1	0	IN2	1	1	0	IN6
0	1	1	IN3	1	1	1	IN7

ADC0809 的工作过程是：首先输入 3 位地址，并使 ALE＝1，将地址存入地址锁存器中。此地址经译码选通 8 路模拟输入的一路到比较器。START 上升沿将逐次逼近寄存器复位。下降沿启动 A-D 转换，之后 EOC 输出信号变低，指示转换正在进行。直到 A-D 转换完成，EOC 变为高电平，指示 A-D 转换结束，结果数据已存入三态输出锁存器，这个信号可用作中断申请。当 OE 输入高电平时，三态输出锁存器打开，转换结果的数字量输出到数据总线上。

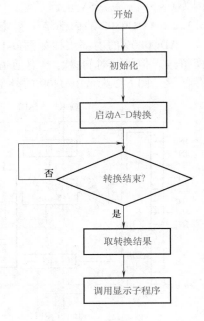

图 6-3　数字电压表程序流程图

 任务实施

6.1.3　任务实施步骤

1. 流程图设计

根据任务要求，AT89S51 单片机完成 A-D 转换需要连接 ADC0809 芯片，由单片机信号控制 ADC0809 工作。流程图如图 6-3 所示。

2. 电路选择

电路连接如图 6-4 所示。

由于 ADC0809 在仿真软件中没有仿真模型，所以在这里选择了作用相同的芯片 ADC0808，为了连接方便，可以在 ADC0808 上右键选择"X—镜像"。

除了单片机，需要添加的元件见表 6-2。

表 6-2　仿真软件添加元件表

元件	关键字	备注
A-D 转换	ADC0808	代替 ADC0809
可变电阻	POT-HG	
4 位共阳数码管	7SEG-MPX4-CA-BLUE	
8 脚排阻	RESPACK-8	含公共端共 9 脚

添加的电压表在 Proteus 软件左侧图标 （虚拟仪器）中找到。

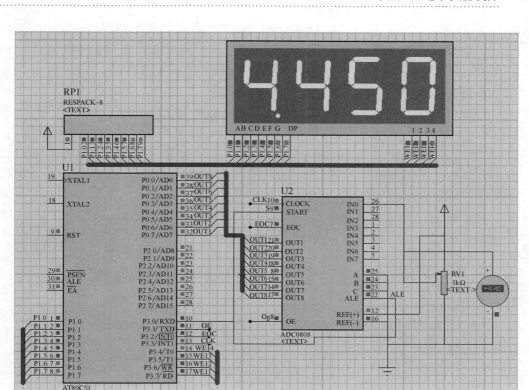

图 6-4 数字电压表原理图

3. 源程序

(1) 汇编语言源程序

```
           ST      BIT P3.0
           OE      BIT P3.1
           EOC     BIT P3.2
           CLK     BIT P3.3
           ORG     0H
     LJMP    MAIN              ;主程序入口
     ORG     000BH
     LJMP    INT_T0            ;定时器 0 中断
     ORG     0030H
MAIN:  MOV    SP,#60H
       MOV    30H,#0H          ;显示电压整数位
       MOV    31H,#0H          ;显示电压小数个位
       MOV    32H,#0H          ;显示电压小数十位
       MOV    R0,#30H          ;显示缓冲区首地址
;//＊＊＊＊＊＊定时器初始化＊＊＊＊＊＊
       SETB   EA               ;中断总允许
       SETB   ET0              ;定时器 0 中断允许
       MOV    TMOD,#02H        ;定时器 0 工作于方式 2
```

```
        MOV     TL0,#50         ;装入定时初值
        MOV     TH0,#50
        SETB    TR0             ;启动定时器
AD:     CLR     OE
        LCALL   DELAY
        CLR     ST
        LCALL   DELAY
        SETB    ST
        CLR     ST
WAIT:   JNB     EOC,WAIT        ;等待转换结束
        SETB    OE
        MOV     A,P0            ;取转换结果
        CLR     OE
        LCALL   RTN             ;调用 BCD 码转换子程序
        LCALL   DISPLAY         ;调用显示子程序
        SJMP    AD              ;循环显示
;//＊＊＊＊＊定时器中断服务程序,读取 0809 第 0 通道转换结果并化为显示值＊＊＊＊＊
INT_T0: PUSH    ACC             ;保护现场
        PUSH    PSW
        PUSH    DPH
        PUSH    DPL
        MOV     TH0,#50         ;重装定时器初值
        MOV     TL0,#50
        CPL     CLK
        POP     DPL
        POP     DPH
        POP     PSW
        POP     ACC
        RETI
;//＊＊＊＊＊＊A-D 转换结果化为显示值＊＊＊＊＊＊＊＊＊＊＊＊＊＊＊
RTN:    MOV     B,#51           ;255/5=51,最大 5V 对应二进制最大 255
        DIV     AB
        MOV     30H,A           ;个位数放入 30H
        MOV     A,B             ;余数大于 19H,F0 为 1,乘法溢出,结果加 5
        CLR     F0
        SUBB    A,#1AH
        MOV     F0,C
        MOV     A,#10
        MUL     AB              ;扩大 10 倍继续除法
        MOV     B,#51
        DIV     AB
        JB      F0,LOOP2
        ADD     A,#5
```

```
LOOP2:   MOV    31H,A              ;小数后第一位放入 31H
         MOV    A,B
         CLR    F0
         SUBB   A,#1AH
         MOV    F0,C
         MOV    A,#10
         MUL    AB
         MOV    B,#51
         DIV    AB
         JB     F0,LOOP3
         ADD    A,#5
LOOP3:   MOV    32H,A              ;小数后第二位放入 32H
         RET
;//＊＊＊＊＊显示子程序＊＊＊＊＊＊＊＊＊＊＊＊＊＊＊＊＊＊＊＊＊＊＊
DISPLAY: MOV    DPTR,#TAB2
         MOV    A,30H
         MOVC   A,@ A+DPTR         ;显示整数
         SETB   P3.7
         MOV    P1,A
         ACALL  DELAY
         CLR    P3.7
         MOV    DPTR,#TAB1
         MOV    A,31H
         MOVC   A,@ A+DPTR         ;显示小数点后一位
         SETB   P3.6
         MOV    P1,A
         ACALL  DELAY
         CLR    P3.6
         MOV    A,32H
         MOVC   A,@ A+DPTR         ;显示小数点后第二位
         SETB   P3.5
         MOV    P1,A
         ACALL  DELAY
         CLR    P3.5
         MOV    A,#0
         MOVC   A,@ A+DPTR         ;最后一位补 0
         SETB   P3.4
         MOV    P1,A
         ACALL  DELAY
         CLR    P3.4
         RET
;//＊＊＊＊＊延时子程序＊＊＊＊＊＊＊＊＊＊＊＊＊
DELAY:   MOV    R2,#1
```

```
D1:        MOV      R3,#10
D2:        MOV      R4,#250
           DJNZ     R4,$
           DJNZ     R3,D2
           DJNZ     R2,D1
           RET
TAB1: DB 0C0H,0F9H,0A4H,0B0H,99H,92H,82H,0F8H,80H,90H ;不带小数点共阳数码管
TAB2: DB 40H,79H,24H,30H,19H,12H,02H,78H,00H,10H          ;带小数点共阳数码管
           END
```

（2）C 语言源程序

```c
#include <reg51.h>//头文件
#define uint unsigned int
#define uchar unsigned char
sbit st=P3^0;                        /*定义启动信号,为了方便 ALE 输入地址锁存信号也接在
                                       P3.0*/
sbit oe=P3^1;                        //定义输出允许信号
sbit eoc=P3^2;                       //定义 A-D 转换结束信号
sbit clk=P3^3;
sbit wei1=P3^7;                      //位变量定义
sbit wei2=P3^6;
sbit wei3=P3^5;
sbit wei4=P3^4;
//共阳数码管显示码,不带小数点
uchar code table[]={0xc0,0xf9,0xa4,0xb0,0x99,0x92,0x82,0xf8,0x80,0x90};
//变量定义:qian(千)、bai(百)、shi(十)、ge(个)位(第一位、第二位、第三位、第四位)数码管显示值,value:装 ADC0808 转换结果
uchar qian,bai,shi,ge,value;
//temp 为由 value 换算成真实电压值的 1000 倍(为了便于显示)
uint temp;
void delay(uint);                    //延时子函数
void display();                      //显示子函数
void main()                          //主函数
{
//用 T0 方式 2 产生一定频率的方波,供 ADC0808 的 CLK
EA=1;
ET0=1;
TMOD=0x02;                           //T0 工作在方式 2
TH0=50;
TL0=50;
TR0=1;
while(1)
{
    //开启 ADC0808
```

```
    oe=0;
    st=0;
    st=1;                           // st 产生一正脉冲
    st=0;
    while(eoc==0);                  //等待转换结束
    oe=1;                           //打开输出有效
    value=P0;                       //把结果取到 value 中
    oe=0;                           //关闭输出有效
    temp=value*1.0*5/255*1000;      //将 value 转换成真实电压值并放大 1000 倍
    //求各显示位值
    qian=temp/1000;                 //千位
    bai=temp%1000/100;              //百位
    shi=temp%100/10;                //十位
    ge=temp%10;                     //个位
    //调用显示函数
    display();
    }
}


void t0() interrupt 1
{
clk=~clk;                           //定时时间到,取反 CLK,产生 CLK 方波
}


//带参数的延时函数
void delay(uint z)//延时子函数
{
uint i,j;
for(i=z;i>0;i--)
    for(j=110;j>0;j--);
}


void display()
{
wei1=1;
P1=table[qian]-0x80;                //带小数点的千位(其实为电压值的个位)
delay(5);
wei1=0;

wei2=1;
P1=table[bai];                      //不带小数点的百位(其实为电压值的 0.1 位)
delay(5);
wei2=0;
```

```
wei3=1;
P1=table[shi];                    //不带小数点的十位(其实为电压值的 0.01 位)
delay(5);
wei3=0;

wei4=1;
P1=table[ge];                     //不带小数点的个位(其实为电压值的 0.001 位)
delay(5);
wei4=0;
}
```

4. 知识点解析

对于数码管来说是没有千位、百位、十位和个位之分的，所以，在对数据进行处理前将数值乘以 1000，也就是扩大了 1000 倍，而在对显示数据进行处理时，千位的数据后带小数点显示，从数码管的显示来看，就与电压表显示的数据一致了。这也就是在本程序中出现了两个数码管的数组的原因，一个是带小数点的，即千位的显示，一个是不带小数点的，即百、十、个位的显示。

本任务容易出错的地方是：ADC0808 的输出是 OUT1 是最高位，OUT8 是最低位，与单片机的高低位不同，所以接线的时候，切记要 OUT1 接 P3.7，OUT8 接 P3.0。

5. 提高任务

本任务只考虑了一路的模拟输入，要求设计一个多路输入的数字电压表。

任务2　数字电压表设计（STC 芯片）

任务要求

通过可调电阻改变输入端的模拟电压，并通过 STC 单片机在数码管上显示输出电压的值。

要点分析

掌握 STC 单片机 A-D 转换的使用，以及正确的编程控制方法。

学习要点

6.2.1　STC12C5A60S2 单片机的内部 ADC 结构

具有增强型 8051 内核的宏晶单片机 STC12C5A60S2 内部自带 8 路 10 位 A-D 转换，其速度可达到 250kHz（25 万次/s）。它的转换口在 P1 口（P1.7~P1.0），用户可以通过软件设置将 8 路中的任何一路设置为 A-D 转换，不需要作为 A-D 转换使用的口可继续作为 I/O 口使用。

6.2.2　ADC 相关寄存器

STC12C5A60S2 单片机内部与 A-D 转换相关的寄存器包括：P1ASF、ADC_ CONTR、

ADC_RES/ADC_RESL、AUXR1、IP、IE。单片机 ADC（A-D 转换器）内部结构如图 6-5 所示。如果图 3-9 导入了 STC 的芯片，使用的是 STC 的头文件 "#include <STC12C5A.h>"，就不需要对这些寄存器进行申明；如果使用的是普通的 51 头文件 "#include<reg51.h>"，就需要对寄存器进行如下申明（以 P1ASF 为例）：

```
sfr P1_ASF=0x9D;    //0x9D 是 P1ASF 寄存器的地址
```

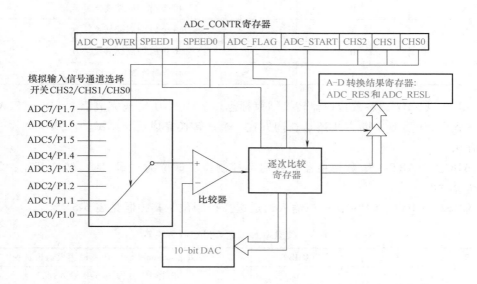

图 6-5　STC12C5A60S2 单片机 ADC 内部结构

1. P1ASF——P1 口模拟功能控制寄存器

STC12C5A60S2 单片机 A-D 转换通道与 P1 口是复用的，前面提到过软件可以将 8 路中的任何一路设置为 A-D 转换，不需要作为 A-D 转换使用的口可继续作为 I/O 口使用（建议只作为输入）。将此寄存器的相应位设为 "1"，则此位作为 A-D 模拟输入通道；当相应位设为 "0"，则此位作为通用 I/O 口。其格式见表 6-3。

表 6-3　P1 口模拟功能控制寄存器 P1ASF

寄存器	地址	D7	D6	D5	D4	D3	D2	D1	D0
P1ASF	0x9D	P17ASF	P16ASF	P15ASF	P14ASF	P13ASF	P12ASF	P11ASF	P10ASF

若要令 P1.5 作为 A-D 模拟输入通道，则

P1_ASF = 0x20；

2. ADC_CONTR——ADC 控制寄存器

ADC 控制寄存器可以完成对模块电源、转换速度、转换结束标志位、转换启动以及模拟通道选择位的控制。其格式见表 6-4。

表 6-4　ADC 控制寄存器

寄存器	地址	D7	D6	D5	D4	D3	D2	D1	D0
ADC_CONTR	0xBC	ADC_POWER	SPEED1	SPEED0	ADC_FLAG	ADC_START	CHS2	CHS1	CHS0

1）ADC_ POWER：ADC 电源控制位。此位为 1 时，打开 ADC 电源；为 0 时，关闭 ADC 电源。进入空闲模式前，应将 ADC 电源关闭，即 ADC_POWER＝0。

2）SPEED1、SPEED0：模-数转换速度控制位。速度控制见表 6-5。

表 6-5　模-数转换速度控制位设置

SPEED1	SPEED0	A-D 转换所需时间
0	0	540 个时钟周期转换一次
0	1	360 个时钟周期转换一次
1	0	180 个时钟周期转换一次
1	1	90 个时钟周期转换一次

3）ADC_ FLAG：模-数转换器转换结束标志位。当 A-D 转换完成后，ADC_ FLAG＝1，要由软件清 0。不管是中断方式还是查询方式，A-D 转换完成后，ADC_ FLAG＝1，一定要由软件清 0。

4）ADC_ START：模-数转换器转换启动控制位。该位为"1"时，转换开始；转换结束后自动清"0"。

5）CHS2、CHS1、CHS0：模拟输入通道选择控制位。其控制见表 6-6。

表 6-6　模拟输入通道选择控制位设置

CHS2	CHS1	CHS0	Analog Channel Select（模拟输入通道选择）
0	0	0	选择 P1.0 作为 A-D 输入通道
0	0	1	选择 P1.1 作为 A-D 输入通道
0	1	0	选择 P1.2 作为 A-D 输入通道
0	1	1	选择 P1.3 作为 A-D 输入通道
1	0	0	选择 P1.4 作为 A-D 输入通道
1	0	1	选择 P1.5 作为 A-D 输入通道
1	1	0	选择 P1.6 作为 A-D 输入通道
1	1	1	选择 P1.7 作为 A-D 输入通道

3. ADC_ RES、ADC_ RESL——A-D 转换结果寄存器

特殊功能寄存器 ADC_ RES（高位）和 ADC_ RESL（低位）寄存器用于保存 A-D 转换的结果。

4. AUXR1——辅助寄存器

其格式见表 6-7。

表 6-7　辅助寄存器

寄存器	地址	D7	D6	D5	D4	D3	D2	D1	D0
AUXR1	0xA2	—	PCA_P4	SPI_P4	S2_P4	GF2	ADRJ	—	DPS

其中的 ADRJ 位是 A-D 转换结果寄存器（ADC_ RES，ADC_ RESL）的数据格式调整控制位；当 ADRJ＝0 时，10 位 A-D 转换结果的高 8 位存放在 ADC_ RES 中，低 2 位存放在 ADC_ RESL 的低 2 位中；当 ADRJ＝1 时，10 位 A-D 转换结果的高 2 位存放在 ADC_ RES 的

低 2 位中，低 8 位存放在 ADC_ RESL 中。

5. IP、IPH——中断优先级控制寄存器

这个寄存器前文中介绍过，并不是 STC 单片机独有的，只是加入了 ADC 中断的设置，具体用法不变。中断优先级高字节控制寄存器（不可位寻址）各位见表 6-8。

表 6-8　中断优先级高字节控制寄存器

寄存器	地址	D7	D6	D5	D4	D3	D2	D1	D0
IPH	0xB7	PPCAH	PLVDH	PADCH	PSH	PT1H	PX1H	PT0H	PX0H

中断优先级低字节控制寄存器（可位寻址）各位见表 6-9。

表 6-9　中断优先级低字节控制寄存器

寄存器	地址	D7	D6	D5	D4	D3	D2	D1	D0
IP	0xB8	PPCA	PLVD	PADC	PS	PT1	PX1	PT0	PX0

6. IE——中断允许控制寄存器

与 IP 寄存器相同，同样是加入了 ADC 的中断允许，见表 6-10。

表 6-10　中断允许控制寄存器

寄存器	地址	D7	D6	D5	D4	D3	D2	D1	D0
IE	0xA8	EA	ELVD	EADC	ES	ET1	EX1	ET0	EX0

 任务实施

6.2.3　任务实施步骤

1. 流程图设计

流程图设计与任务 1 相同。

2. 电路选择

由于 STC12C5A60S2 内部已含 A-D 转换模块，所以不需要像 AT89S51 那样外接 A-D 转换芯片，直接在 P1 口接入可变电阻通过调节阻值改变电压值即可，电路如图 6-6 所示。实物如图 6-7 所示。

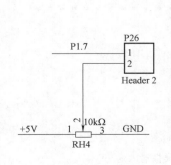

图 6-6　A-D 转换电路接入图　　　　图 6-7　A-D 转换实物图

在下载程序之前，图 6-7 中 1 应该先用跳线帽短接，以为电路供电。可调电阻 2 可以调节电压的输入值，数码管 3 显示电压值。

3. 源程序与知识点解析

```
#include<reg51.h>                    //包含头文件 reg51.h,定义了 51 单片机的专用寄存器
#define uint    unsigned int
#define uchar unsigned char
uchar code SEGTAB[]={0xC0,0xF9,0xA4,0xB0,0x99,0x92,0x82,0xF8,0x80,0x90};//定
义共阳极七段数码管显示字段码
#define    SEGDATA   P2              //定义数码管段选信号数据接口
#define    SEGSELT   P0              //定义数码管位选信号数据接口
//声明与 ADC 有关的特殊功能寄存器
sfr P1_ASF = 0x9D;                   //P1 口模拟功能控制寄存器
sfr ADC_CONTR = 0xBC;                //ADC 控制寄存器
sfr ADC_RES   = 0xBD;                //A-D 转换结果寄存器
sfr ADC_RESL  = 0xBE;                //A-D 转换结果寄存器,8 位转换没有用到该寄存器
//定义与 ADC 有关的操作命令
#define    ADC_POWER   0x80          //ADC 电源控制
#define    ADC_FLAG    0x10          //模-数转换器转换结束标志
#define    ADC_START   0x08          //模-数转换器转换启动控制
#define    ADC_SPEED   0x00          //模-数转换速度控制

unsigned char disp[4]={0,0,0,0}; //存储四个数码管对应的显示值
/* * * * * * * * 延时函数* * * * * * * * * * * */
void delay_ms(uint ms)
{
    uint i,j;
    for(;ms>0; ms--)
    {
        for(i=0;i<7;i++)
            for(j=0;j<50;j++);
    }
}
/* * * * * * * * * * * * * * * * * * * * * * * * * * * * * * * * * * */
/* 函数名称:ADC_initiate              */
/* 函数功能:初始化 ADC 转换             */
/* 形式参数:无                        */
/* 返回值:无                          */
/* * * * * * * * * * * * * * * * * * * * * * * * * * * * * * * * * * */
void ADC_initiate()
{
P1_ASF=0XFF;                         //设置 P1 口 8 位均为 A-D 模拟输入通道
ADC_RES=0;                           //A-D 转换结果寄存器清零
```

```
ADC_CONTR=ADC_POWER|ADC_SPEED;        //打开模-数转换器电源
delay_ms(1);                          //延时1ms 使 ADC 电源稳定
}
//函数名：ADC_ch
//函数功能:取 A-D 结果函数
//形式参数:第 ch 路通路
//返回值:A-D 转换结果 0~255
unsigned char ADC_ch(unsigned char ch)
{
ADC_RES = 0;                          //A-D 转换结果寄存器清零
ADC_CONTR |= ch;                      //选择 A-D 当前通道
delay_ms(1);                          //使输入电压达到稳定
ADC_CONTR |= ADC_START ;              //令 ADC_START = 1, 启动 A-D 转换
while(! (ADC_CONTR & ADC_FLAG));      //等待 A-D 转换结束
ADC_CONTR &= (~ADC_FLAG);             //关闭 A-D 转换
return (ADC_RES);                     //返回 A-D 转换结果
}
/* * * * * * * * * * * * * * * * * * * * * * * * * * * * * * * * * * * * * * * * * */
/* 函数名: data_process                   */
/* 函数功能:把 ADC 转换的 8 位数据转换为实际的电压值        */
/* 形式参数:输入数据                       */
/* 返回值:无                             */
/* * * * * * * * * * * * * * * * * * * * * * * * * * * * * * * * * * * * * * * * * */
void data_process(unsigned char value)
{
  unsigned int   temp;
  temp = value *196;                  //0~255 扩大 10000 倍
  disp[3]=temp/10000;                 //得到万位
  disp[2]=(temp/1000)% 10;            //得到千位
  disp[1]=(temp/100)% 10;             //得到百位
  disp[0]=(temp/10)% 10;              //得到十位,个位不需要,只显示高 4 位
}
/* * * * * * * * * * * * * * * * * * * * * * * * * * * * * * * * * * * * * * * * * */
/* 函数名: display                       */
/* 函数功能:将全局数组变量的值动态显示在四个数码管上          */
/* 形式参数:引用全局数组变量 disp           */
/* 返回值:无                             */
/* * * * * * * * * * * * * * * * * * * * * * * * * * * * * * * * * * * * * * * * * */
void display(void)
{
  unsigned char i,scan;
  scan=0x10;
  for(i=0;i<4;i++)                    //控制 4 位数码管显示
```

```
    {
        SEGDATA = 0xFF;
        SEGSELT = scan;                //送位选码
        SEGDATA = SEGTAB[disp[i]];     //送段选码
SEGSELT = ~scan;                       //位选码取反
        delay_ms(5);
        scan<<=1;                      //位选码左移1位
    }
}
/*****主函数********/
void main()
{
    unsigned char voltage;
EA=1;                                  //开总中断允许位
ADC_initiate();                        //STC单片机初始化
delay_ms(10);
while(1)
{
        voltage = ADC_ch(7);           //测7通道电压
        data_process(voltage);         //数据处理
        display();                     //数据显示
        delay_ms(10);
    }
}
```

由于使用的是 51 的头文件，所以对以下用到的寄存器要进行定义：

```
sfr P1_ASF = 0x9D;                     //P1模拟功能控制寄存器
sfr ADC_CONTR = 0xBC;                  //ADC控制寄存器
sfr ADC_RES   = 0xBD;                  //A-D转换结果寄存器
sfr ADC_RESL  = 0xBE;                  //A-D转换结果寄存器,8位转换没有用到该寄存器
```

如果选择的是 STC 的头文件，如项目 3 任务 1 中所述，则可以不需要定义寄存器。

任务 3   信号发生器设计

任务要求

输出一路三角波。

要点分析

掌握 D-A 转换的典型芯片 DAC0832 的使用，以及正确的编程控制方法。

学习要点

6.3.1　单片机产生波形的原理

用单片机与 D-A 转换芯片设计波形发生器是一个数字电子技术与模拟电子技术结合的设计过程，由单片机输出一个数字量，经 D-A 转换芯片将其转换成对应的模拟量输出。如果单片机在规定点上输出的数字量符合相应的规律，经 D-A 转换后就得到满足相应规律要求的波形，这就是单片机产生波形的原理。

设计多波形发生器有许多类型的 D-A 转换芯片，在此选用 DAC0832 即能完成设计要求，它是一款比较普通的 D-A 转换芯片，结合单片机的数据控制可以很容易得到多种波形。

单片机通过控制 8 位端口在规定时间内输出高电平和低电平来控制 DAC0832 产生方波，通过控制 8 位端口按 0～255 加一递增输出来控制 DAC0832 产生锯齿波，通过控制 8 位端口按 0～255 加一递增输出和 255～0 减一递减输出来控制 DAC0832 产生三角波，通过控制 8 位端口采样 128 个正弦波状态点来控制 DAC0832 产生正弦波。

6.3.2　DAC0832 的内部结构与引脚功能

DAC0832 是具有 8 位分辨率的 D-A 转换集成芯片，以其价廉、接口简单、转换控制容易等优点，在单片机应用系统中得到了广泛的应用。

DAC0832 内部结构如图 6-8 所示，包括数据锁存器、DAC 锁存器和 D-A 转换器三大部分。

DAC0832 内部采用 R-2R T 形电阻解码网络。数据锁存器和 DAC 锁存器实现两次缓冲，故在输出的同时，还可以接收下一个数据，提高了转换速度。当多芯片工作时，可用同步信号实现各模拟量的同时输出。图 6-9 给出了 DAC0832 的外部引脚。引脚特性如下：

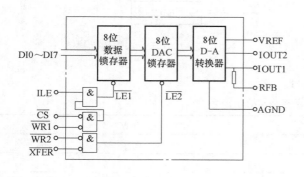

图 6-8　DAC0832 内部结构　　　　　　　图 6-9　DAC0832 引脚图

$\overline{\text{CS}}$：片选信号，低电平有效。与 ILE 相配合，可对写信号 $\overline{\text{WR1}}$ 是否有效起到控制作用。

ILE：允许输入锁存信号，高电平有效。数据锁存器的锁存信号 $\overline{\text{LE1}}$ 由 ILE、$\overline{\text{CS}}$、$\overline{\text{WR1}}$ 的逻辑组合产生。当 ILE 为高电平、$\overline{\text{CS}}$ 为低电平、$\overline{\text{WR1}}$ 输入负脉冲时，$\overline{\text{LE1}}$ 产生正脉冲。当 $\overline{\text{LE1}}$ 为高电平时数据锁存器的状态随着输入信号的状态变化，$\overline{\text{LE1}}$ 的负跳变将数据线上的信息锁入数据锁存器。

$\overline{WR1}$：写信号 1，低电平有效。当 $\overline{WR1}$、$\overline{CS}$、ILE 均有效时，可将数据写入 8 位数据锁存器。

$\overline{WR2}$：写信号 2，低电平有效。当 $\overline{WR2}$ 有效时，在数据传送控制信号 $\overline{XFER}$ 的作用下，可将锁存在数据锁存器的 8 位数据送到 DAC 锁存器。

$\overline{XFER}$：数据传送控制信号，低电平有效。当 $\overline{WR2}$、$\overline{XFER}$ 均有效时，则在 LE2 产生正脉冲，LE2 的负跳变将数据锁存器的内容锁入 DAC 锁存器。

VREF：基准电压输入端，它与 DAC 内的 R-2R T 形网络相连，VREF 可在 ±10V 范围内调节。

DI7～DI0：8 位数字量输入端，DI7 为最高位，DI0 为最低位。

IOUT1：DAC 的电流输出端 1，当 DAC 锁存器各位为 1 时，输出电流为最大；当 DAC 锁存器各位为 0 时，输出电流为 0。

IOUT2：DAC 的电流输出端 2，IOUT1 与 IOUT2 之和为常数，IOUT1 、IOUT2 随着寄存器的内容线性变化。

RFB：反馈电阻。在 DAC0832 芯片内有一个反馈电阻，可用作外部运算放大器的反馈电阻。

VCC：电源输入端，DGND 为数字地，AGND 为模拟信号地。

 **任务实施**

6.3.3 任务实施步骤

1. 流程图设计

信号发生器流程图如图 6-10 所示。

2. 电路选择

信号发生器电路如图 6-11 所示。

除了单片机，需要添加的元件见表 6-11。

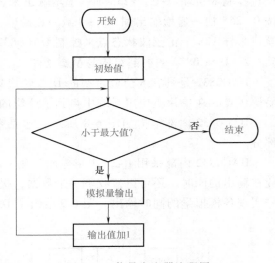

图 6-10 信号发生器流程图

表 6-11 仿真电路需要添加元件表

元件	关键字	备注
D-A 转换器	DAC0832	
运算放大器	LM324	
8 脚排阻	RESPACK-8	含公共端，共 9 引脚

添加的两个仪器电压表和示波器都可以在 Proteus 软件左侧图标的虚拟仪器中找到。

3. 源程序

（1）汇编语言源程序

```
ORG    0200H
       MOV   A,#00H
;;;;;三角波上升部分;;;;;;;
UP:    MOV P0,A        ;P0 输出波形
       INC    A         ;信号上升
```

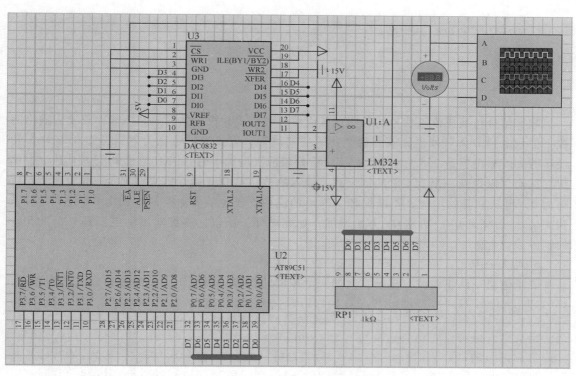

图 6-11　信号发生器电路

```
            NOP
            NOP
            CJNE A,#0FFH,UP;是否到达最大
;;;;;三角波下降部分;;;;;;
DOWN:   DEC A             ;信号下降
            MOV P0,A          ;P0 输出波形
            NOP
            NOP
            CJNE A,#0,DOWN  ;是否到达最小
            AJMP    UP
            END
```

（2）C 语言源程序

```c
#include"reg51.h"
#define uchar unsigned char

void main(void)          //主函数
{
  uchar i;
    while(1)
    {
    for(i=0;i<255;i++)
```

```
P0 = i;
for(i = 255; i > 0; i--)
P0 = i;
    }
}
```

4. 知识点解析

数字信号转换成模拟信号的程序比较简单，利用单片机的数据控制功能，只要将输出的数字信号送到 D-A 转换器，就能得到所需要的波形。以锯齿波电压为例，已知 8 位 D-A 转换器的满度输出值是 255，当输入数字每次都较前次增加 1 时，DAC 输出电压也上升 1 个单位，从而可以得到一个 255 阶的锯齿波。输入的数字从 0 开始，每次增加 1，增加到 255 后降为 0，再从 0 开始增加，不断循环，输出的模拟电压也随着数字的增加由 0V 经 255 阶增到 5V，然后降到 0V，再从 0V 开始增加，如此循环。所以，得到输出的电压是一个 255 阶的锯齿波。

5. 提高任务

要求输出一路正弦波。提示：增加一个按键的扫描，根据正弦波的规律定义输出数据：

```
tab[128] = {64,67,70,73,76,79,82,85,88,91,94,96,99,102,104,106,109,111,113,115,
117,118,120,121,123,124,125,126,126,127,127,127,127,127,127,127,126,126,125,124,
123,121,120,118,117,115,113,111,109,106,104,102,99,96,94,91,88,85,82,79,76,73,
70,67,64,60,57,54,51,48,45,42,39,36,33,31,28,25,23,21,18,16,14,12,10,9,7,6,4,3,
2,1,1,0,0,0,0,0,0,0,1,1,2,3,4,6,7,9,10,12,14,16,18,21,23,25,28,31,33,36,39,42,
45,48,51,54,57,60};//正弦波数据表
```

项 目 小 结

ADC0809 和 DAC0832 分别是单片机控制的模-数转换、数-模转换的接口芯片。

对于使用 ADC 芯片完成的模-数转换，要注意对芯片的控制；STC 单片机自带模-数转换，不需再加 ADC 芯片。

练 习 六

一、填空题

ADC0809 的分辨率是_____，若接入的参考电压为 5.1V，则它能分辨的最小输入电压为_____V。

二、判断题

(　　) 1. A-D 转换器的作用是将数字量转为模拟量。

(　　) 2. DA0832 是 8 位的数-模转换器。

三、选择题

1. ADC0809 是 (　　) 的 A-D 转换器件。

A. 4 通道 8 位　　　　B. 8 通道 8 位　　　　C. 4 通道 12 位　　　　D. 8 通道 12 位

2. 具有模-数转换功能的芯片是 (　　)。

A. ADC0809　　　　B. DAC0832　　　　C. MAX813　　　　D. PCF8563

四、简答题

1. AT89S51 单片机与 STC12C5A60S2 单片机的 A-D 转换有何区别？

2. DAC0832 内部由哪几部分组成？

3. 用单片机产生波形的原理是怎样的？

五、编程题

用 DAC0832 芯片设计一个接口电路并编写相应程序，要求输出两路同步的三角波信号，信号的幅度为 0~5V，周期不小于 2ms。

项目7 电子温度计设计

 **学习要求**

1) 掌握 LCD1602 的显示方法。
2) 掌握 DS18B20 的温度采集方法。
3) 可以进行传感器数据采集。
4) 可以完成数据液晶显示。
5) 具备团队协作能力。

 **知识点**

1) LCD1602 的工作原理。
2) DS18B20 的工作原理。

任务1 液晶显示

 **任务要求**

要求 LCD1602 分两行显示，第一行显示日期，第二行显示字符。

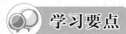 **要点分析**

掌握 LCD1602 的初始化流程以及分行显示的定位方法。

学习要点

目前市场比较常见的 LCD1602 有两种：黄底黑字、蓝底白字。底色实际是 LCD1602 的背光，图 7-1 中所示即为蓝底白字的模块。LCD1602 之所以称为 "1602"，是因为它可以显示两行，每行可以显示 16 个字符。

a) LCD1602正面　　　　　　　　　　　　　　b) LCD1602背面

图 7-1　LCD1602

7.1.1 LCD1602 的引脚

如图 7-1 所示，LCD1602 模块有 16 根引脚，其定义见表 7-1。

表 7-1 LCD1602 引脚

编号	符号	状态	引脚说明	编号	符号	状态	引脚说明
1	VSS		电源地	6	E	三态	使能端
2	VDD		电源正极	7~14	D0~D7	三态	8 位双向数据线
3	VO		对比度调节	15	A	输入	背光源正极
4	RS	输入	数据/命令选择	16	K	输入	背光源负极
5	R/W	输入	读/写选择				

注：接线如图 7-2 所示。

VO：通常接 10kΩ 电阻，接地时对比度最高即与地电阻调至 0（但对比度过高会产生"鬼影"），接电源时对比度最低即与电源电阻调到 0。

RS：数据/命令选择，为 1 时为数据寄存器，为 0 时为命令寄存器。

R/W：读/写选择，为 1 时读，为 0 时写。

E：使能端，高电平跳变到低电平时执行命令。RS、R/W、E 组合实现功能见表 7-2。

表 7-2 组合功能

RS	R/W	E	实现功能
0	0	下降沿	写命令
0	1	高电平	读状态
1	0	下降沿	写数据
1	1	高电平	读数据

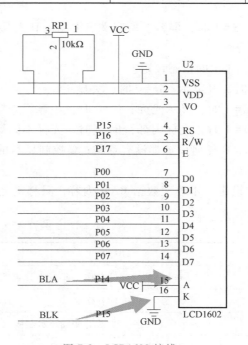

图 7-2 LCD1602 接线

7.1.2 LCD1602 的控制指令

LCD1602 模块内部的控制器共有 11 条控制指令，见表 7-3。

表 7-3　LCD1602 控制器指令表

序号	指令	RS	R/W	D7	D6	D5	D4	D3	D2	D1	D0
1	清除显示	0	0	0	0	0	0	0	0	0	1
2	光标返回	0	0	0	0	0	0	0	0	1	—
3	输入模式设定	0	0	0	0	0	0	0	1	I/D	S
4	显示开/关设定	0	0	0	0	0	0	1	D	C	B
5	光标、字符移位设定	0	0	0	0	0	1	S/C	R/L	—	—
6	功能设定	0	0	0	0	1	DL	N	F	—	—
7	字符 RAM 地址设定	0	0	0	1	字符 RAM 地址（通用寄存器）					
8	数据 RAM 地址设定	0	0	1	数据 RAM 地址（显示内容寄存器）						
9	读忙标志和光标地址	0	1	计数地址							
10	写数据到 RAM	1	0	待写的数据							
11	读 RAM 数据	1	1	读出的数据							

（1）清除显示（01H）　清除 LCD1602 数据 RAM 中的数据。

（2）光标返回（02H 或 03H）　光标和显示返回到地址 00H。

（3）输入模式设定　读、写数据时，地址指针增加/减小及光标、显示屏上文字左右移动设定。

I/D：光标移动方向。I/D=1 时，地址指针加 1，光标右移；I/D=0 时，地址指针减 1，光标左移 。

S：显示屏移动方向。S=1 时，屏幕上所有文字根据 I/D 左移或者右移；S=0 时，显示屏不移动。

（4）显示开/关设定　显示的状态设定。

D：显示开关。D=1 时，开显示；D=0 时，关显示。

C：光标显示开关。C=1 时，显示光标；C=0 时，不显示光标。

B：光标闪烁开关。B=1 时，光标闪烁；B=0 时，光标不闪烁。

说明：当 D=0 时，C、B 任何设置都没有意义；C 控制显示的是下划线；B 控制的是像素块的亮灭。

（5）光标、字符移位设定　不改变数据 RAM 内容，只移动光标和显示屏上文字，功能定义见表 7-4。

表 7-4　光标、字符移位功能定义

S/C	R/L	功能描述	地址指针 AC
0	0	光标左移	AC=AC−1
0	1	光标右移	AC=AC+1
1	0	显示屏上文字左移,光标跟随显示左移	AC=AC
1	1	显示屏上文字右移,光标跟随显示右移	AC=AC

（6）功能设定　DL：数据接口位数控制位。高电平时为 4 位总线；低电平时为 8 位总线。

N：显示行数控制位。高电平时两行显示；低电平时为单行显示。

F：字符点阵数控制位。高电平时显示 5×10 的字符点阵；低电平时显示 5×7 的字符点阵。

（7）字符 RAM 地址设定　设定将要被读、写的字符 RAM 的地址。

（8）数据 RAM 地址设定　设定将要被读、写的数据 RAM 的地址到数据指针。数据显示的地址见表 7-5。例如需要在第一行第三个位置显示第一个字符，设定显示地址为 82H。

（9）读忙标志和光标地址　检测数据线最高位 D7，即 LCD1602 忙标志位 BF。BF = 1时，表示忙，此时模块不能接收命令或者数据；BF = 0 时，表示不忙。

表 7-5　LCD1602 数据显示地址

光标位置与相应的命令字															
列 行	1	2	3	4	5	6	7	8	9	10	11	12	13	14	15	16
1	80	81	82	83	84	85	86	87	88	89	8A	8B	8C	8D	8E	8F
2	C0	C1	C2	C3	C4	C5	C6	C7	C8	C9	CA	CB	CC	CD	CE	CF

（10）写数据到 RAM　按照写时序操作。

（11）读 RAM 数据　按照读时序操作。

7.1.3　LCD1602 模块的读写操作时序

1. LCD1602 读时序

LCD1602 读时序如图 7-3 所示。读时序流程如图 7-4 所示。读时序有读状态和读数据两种。

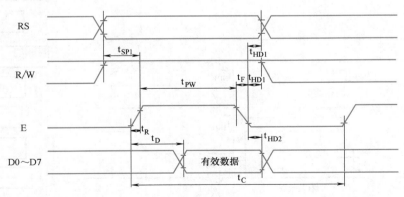

图 7-3　LCD1602 读时序

图中，t_C 为 E 信号周期；t_{PW} 为 E 脉冲宽度，t_R、t_F 分别为上升沿、下降沿时间；t_{SP1} 为地址建立时间；t_{HD1} 为地址保持时间；t_D 为数据建立时间；t_{HD2} 为数据保持时间。

2. LCD1602 写时序

LCD1602 写时序如图 7-5 所示。写时序流程如图 7-6 所示。写时序有写命令和写数据两种。

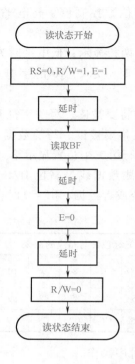

图 7-4 读时序流程图

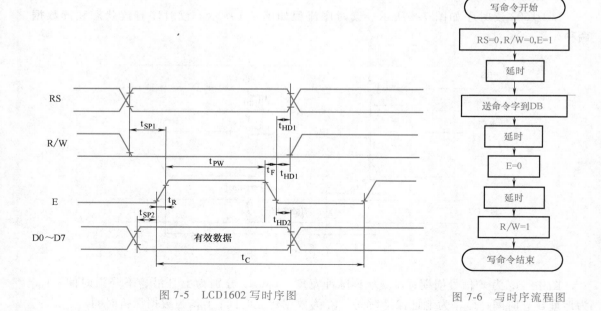

图 7-5 LCD1602 写时序图

图 7-6 写时序流程图

图中，t_{SP2} 为数据建立时间，其余与图 7-3 同。

为了避免出现显示错误，最好把清屏指令放在最后面。

汇编语言程序示例：

```
INIT:
    MOV     A, #38H          ;功能设定
    ACALL   WR_CMD
    MOV     A, #0CH          ;显示开/关设定
    ACALL   WR_CMD
    MOV     A, #06H          ;输入模式设定
    ACALL   WR_CMD
    MOV     A, #01H          ;清屏
    ACALL   WR_CMD
    RET
```

C 语言程序示例：

```
void L1602_init(void)
{
    write(0x38,0);           //功能设定
    write(0x0c,0);           //显示开/关设定
    write(0x06,0);           //输入模式设定
    write(0x01,0);           //清屏
}
```

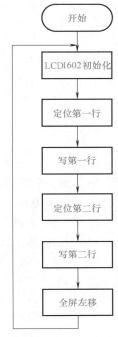

任务实施

7.1.4 任务实施步骤

1. 流程图设计

流程图设计如图 7-7 所示。

2. 电路选择

电路图设计如图 7-8 所示。液晶显示实物如图 7-9 所示。

图 7-7 流程图设计

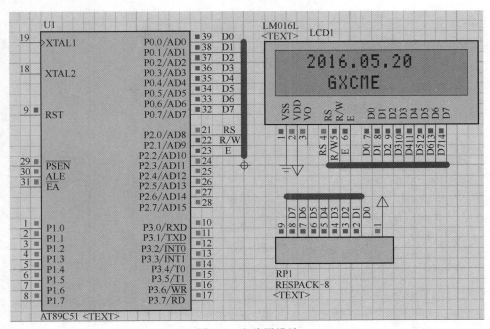

图 7-8 电路图设计

图 7-9 液晶显示实物图

根据图 7-9 所示，如果出现太暗看不到显示内容或太亮只看到方块的情况，可以调节 LCD 显示调节电阻。

3. 源程序及知识点解析

（1）汇编语言源程序

```
            RS      BIT P2.0              ;RS 接 P2.0
            RW      BIT P2.1              ;R/W 接 P2.1
            E       BIT P2.2              ;E 接 P2.2
            LCD     EQU P0
            ORG     00H
            AJMP    MAIN
            ORG     30H
MAIN:       MOV     R0,#11
            ACALL   INIT                 ;调用液晶屏初始化
            ACALL   DISP                 ;调用液晶显示子程序
            AJMP    MAIN
;-------液晶显示-----------------------------------
DISP:       MOV     A,#80H               ;第一行第 1 个点
            ACALL   WR_CMD
            MOV     DPTR, #LINE1
            ACALL   PR_STR
            ACALL   WR_DATA
            MOV     A,#0C2H              ;第二行第 3 个点
            ACALL   WR_CMD
            MOV     DPTR, #LINE2
            ACALL   PR_STR
            ACALL   WR_DATA
            ACALL   DELAY
            DJNZ    R0,DISP              ;显示是否结束
            RET
```

```
;---液晶屏初始化-------------------------------------------------
INIT:
        MOV     A, #38H              ;功能设定
        ACALL   WR_CMD               ;写命令
        MOV     A, #0CH              ;显示开/关设定
        ACALL   WR_CMD
        MOV     A, #06H              ;输入模式设定
        ACALL   WR_CMD
        MOV     A, #01H              ;清屏
        ACALL   WR_CMD
        RET
;----写液晶指令的子程序--------------------------------------------
WR_CMD:   CLR E                      ;E清0
        CLR RS                       ;RS=0,写入控制命令
        CLR RW                       ;R/W清0
        ACALL   DELAY1
        SETB    E                    ;E置1
        MOV     LCD, A               ;命令送入液晶数据口
        CLR     E                    ;E清0
        RET
;----写液晶数据---------------------------------------------------
WR_DATA:CLR  E                       ;E清0
        MOV     LCD, A               ;数据送入液晶数据口
        SETB    RS                   ;RS=1,写入数据
        CLR     RW                   ;R/W清0
        ACALL   DELAY1
        SETB    E                    ;E置1
        CLR     E                    ;E清0
        RET
;-----写行字符---------------------------------------------------
PR_STR:   CLR     A                  ;A清0,因为A也作为读表存放内容
        MOVC    A, @ A+DPTR          ;查表
        JZ      END_PR               ;是否到最后一个字符
        ACALL   WR_DATA              ;液晶屏写数据
        INC     DPTR                 ;下一个字符
        AJMP    PR_STR
END_PR:   MOV     A,#10H             ;显示一个空字符
        RET
;*********************************************************
;延时1ms子程序
;
;*********************************************************
DELAY1:   MOV     R1,#5
```

```
DL1:        MOV     R2,#100
            DJNZ    R2,$
            DJNZ    R1,DL1
            RET
;* * * * * * * * * * * * * * * * * * * * * * * * * * * * * * * * * * * * *
;延时0.5s子程序
;LCD显示使用
;* * * * * * * * * * * * * * * * * * * * * * * * * * * * * * * * * * * * *
DELAY:      MOV     R4,#50
DL3:        MOV     R5,#249
DL4:        MOV     R6,#250
            DJNZ    R6,$
            DJNZ    R5,DL4
            DJNZ    R4,DL3
            RET
;----定义两行显示内容----------------------------------------------------
LINE1:      DB " 2016.05.20",0
LINE2:      DB " GXCME",0
            END
```

对液晶屏的操作一定要按时序操作，否则会出现不显示或者显示乱码的情况。

（2）C语言源程序

```
#include<reg51.h>
#define uchar unsigned char
#define uint  unsigned int
#define LCD P0                              //LCD数据端口

sbit E=P2^2;                                //LCD1602使能引脚
sbit RW=P2^1;                               //LCD1602读/写选择引脚
sbit RS=P2^0;                               //LCD1602数据/命令选择引脚

uchar code Firstline[]={"  2016.05.20"};    //第一行显示日期
uchar code Secondline[]={"   GXCME"};       //第二行显示内容

/* * * * * 毫秒级延时 * * * * */
void delay()
{
    int i,j;
    for(i=0; i<=2; i++)
    for(j=0; j<=100; j++);
}
void delay1(uint x)
{
    int i,j;
```

```
    for(i=0; i<=x; i++)
    for(j=0; j<=500; j++);
}


/ * * * * * 1602 写函数 * * * * * /
/ * * * * DC=0 时写命令 * * * * /
/ * * * * DC=1 时写数据 * * * * /
void write(uchar des,bit DC)
{
    E=0;
    LCD=des;                        //送入需要显示的数据或命令
    RS=DC;                          //通过 DC 值确定是数据还是命令
    RW=0;
    E=1;                            //高电平,接收数据
    delay();
    E=0;
}


/ * * * * * 1602 初始化 * * * * * /
void L1602_init(void)
{
    write(0x38,0);                  //功能设定
    write(0x0c,0);                  //显示开/关设定
    write(0x06,0);                  //输入模式设定
    write(0x01,0);                  //清屏
}


void main()
{
    uchar c;
    L1602_init();                   //LCD1602 初始化
    write(0x80,0);                  //写命令,设定第一行显示位置
    for(c=0;c<12;c++)
        write(Firstline[c],1);      //写数据,第一行写日期
    write(0xc2,0);                  //写命令,设定第二行显示位置
    for(c=0;c<8;c++)
     write(Secondline[c],1);        //写数据,第二行写字符
    while(1)
    {
    delay1(2000);
    write(0x18,0);                  //左移显示
    }
}
```

为了简化程序，C 语言的编写与汇编语言有很小的区别，就是在写命令与写数据两个操作上，C 语言将两个操作用 RS 参数来区别，用一个函数（write 函数）来实现。

当 RS=0 时，写命令；当 RS=1 时，写数据。如果将这两个函数分开，则：

```
void write_Com(uchar des)
{
    E=0;
    LCD=des;
    RS=0;                                    //写命令
    RW=0;
    E=1;
    delay();
    E=0;
}
void write_Data(uchar des)
{
    E=0;
    LCD=des;
    RS=1;                                    //写数据
    RW=0;
    E=1;
    delay();
    E=0;
}
```

那么在调用的时候只要区分是写命令还是写数据，就可以调用不同的函数。如其中 LCD1602 的第一行显示，先送位置命令，再送显示数据：

```
write_Com(0x80);                         //写命令,设定第一行显示位置
for(c=0;c<14;c++)
write_Data(Firstline[c]);                //写数据,第一行写日期
```

任务 2 温度计设计

任务要求

要求通过 DS18B20 采集数据，经过转换后由 LCD1602 显示。

要点分析

掌握 DS18B20 的特性、工作原理以及使用方法。

学习要点

7.2.1 DS18B20 的引脚

DS18B20 是一个单线的数字温度传感器，特性如下：

- 具有独特的单线接口，仅需一个端口引脚进行通信。
- 用于简单的多点分布式测温应用。
- 无需外部器件。
- 可通过数据线供电。供电范围为 3.0~5.5V。
- 测温范围为−55~125℃，以 0.5℃ 递增（−67~257℉，以 0.9℉ 递增）。
- 在−10~85℃ 范围内精度为±5℃。
- 温度计分辨率可以选择 9~12 位。

DS18B20 的封装形式如图 7-10 所示，最常用的封装为 TO-92，从外形上看与普通直插晶体管相同。下面就来看看它的引脚及说明，见表 7-6。

表 7-6　DS18B20 引脚说明

8 引脚 SOIC 封装	TO-92 封装	符号	说　明
5	1	GND	接地引脚
4	2	DQ	数据输入/输出引脚。工作在寄生电源模式时提供电源
3	3	VDD	电源引脚,工作在寄生电源模式时必须接地
1,2,6,7,8	—	NC	无连接

在表 7-6 中提到的"寄生电源模式"指的是 DS18B20 可以工作在无外部电源状态，当总线处于高电平状态时，DQ 与上拉电阻连接通过单总线对器件供电，此时 DS18B20 可以从总线获取能量，并将获得的能量储存到寄生电源储能电容中（Cpp）中，当总线处于低电平状态时释放能量供给器件工作使用。所以，当 DS18B20 工作在寄生电源模式时，VDD 引脚必须接地。

7.2.2　DS18B20 的通信时隙

在采用 DS18B20 芯片构建的温度检测系统中，采用 DALLAS 公司独特的单总线数据通信方式，允许在一条总线上挂载多个 DS18B20，那么，在对 DS18B20 的操作和控制中，由总线控制器发出的时隙信号就显得尤为重要。

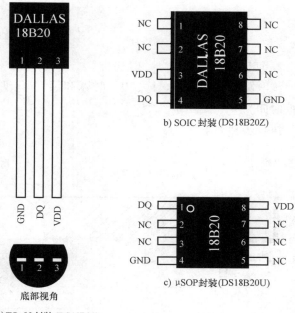

a) TO-92封装 (DS18B20)

b) SOIC 封装 (DS18B20Z)

c) μSOP封装 (DS18B20U)

图 7-10　DS18B20 封装

1. DS18B20 芯片的上电初始化时隙

单总线上的所有通信都由初始化开始，如图 7-11 所示，主机发出复位脉冲、从机发出应答脉冲。步骤如下：

1）数据线置高电平"1"。

2）数据线拉低电平"0"。

3）延时至少 480μs，但不超过 960μs，以产生复位脉冲（发送模式 Tx）。

4）主机释放总线，并进入接收（Rx）模式。当总线被释放后，5kΩ 上拉电阻将数据线拉高。

5）在单总线器件检测到上升沿后，延时 15~60μs，以产生应答脉冲。

6）延时等待，延时时间从第 4）步开始算应不少于 480μs。

7）释放总线，再次将数据线拉高，结束。

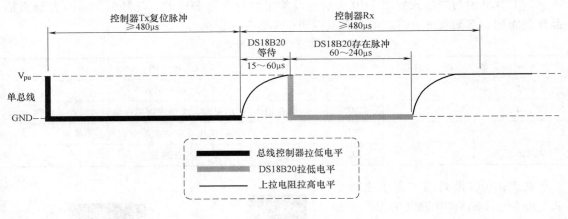

图 7-11　初始化时隙

2. 读时隙

读时隙有两种时隙，读"0"时隙和读"1"时隙，如图 7-12 所示（图中 T_{REC} 为读取数据时间）。

执行步骤如下：

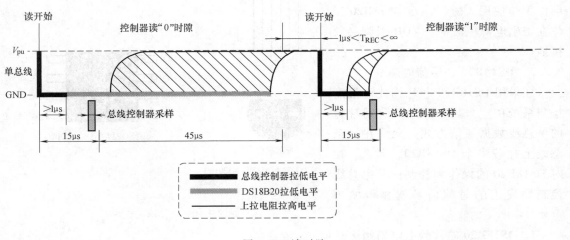

图 7-12　读时隙

1）将数据线拉高为"1"。

2）将数据线拉低为"0"（产生读时隙）。

3）保持至少 $1\mu s$。

4）释放数据线。

5）读取数据线状态，得到 1 个状态位，并进行数据处理。

6）将数据线拉高为"1"。

7）延时，从第 1）步起不少于 $60\mu s$。

3. 写时隙

写时隙有两种时隙，写"0"时隙和写"1"时隙，如图 7-13 所示。

执行步骤如下：

1）数据线先置高电平"1"。

2）延时确定的时间为 $15\mu s$。

3）按从低位到高位的顺序发送字节（一次只发送一位）。

4）延时时间为 $45\mu s$。

5）将数据线拉低为"0"。

6）重复 1）到 6）步的操作直到所有的字节全部发送完为止。

7）最后将数据线拉高。

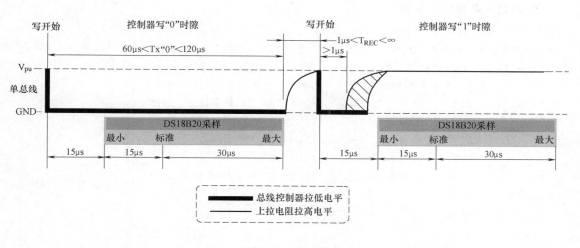

图 7-13　写时隙

提示：不同单片机的机器周期是不尽相同的，也就是说，程序中的延时函数并不适用所有单片机型号，要根据单片机不同的机器周期来进行修改。在对 DS18B20 程序调试过程中，若发现温度显示错误故障，很大可能是由于时隙的误差较大甚至时隙错误导致的，所以，在对 DS18B20 编程时需要格外注意。

任务实施

7.2.3　任务实施步骤

1. 流程图设计

温度计流程图设计如图 7-14 所示。

2. 电路选择

设计电路如图 7-15 所示，实物如图 7-16 所示。

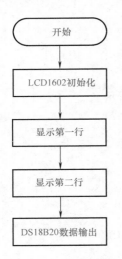

图 7-14 温度计流程设计图

图 7-15 温度计设计电路　　图 7-16 温度计电路实物图

3. 源程序及知识点解析

(1) 汇编语言源程序

```
;//* * * * * * * * * * * * * * * * * * * * * * * * * * * * * * * * * * * * * * * *//
;LCD1602 显示 DS18B20 汇编程序
;* * * * * * * * * * * * * * * * * * * * * * * * * * * * * * * * * * * *
FLAG1       BIT         F0              ;DS18B20 存在标志位
DQ          BIT         P3.6
E           BIT         P0.0            ;LCD1602 使能引脚
RW          BIT         P0.1            ;LCD1602 读写引脚
RS          BIT         P0.2            ;LCD1602 数据/命令引脚
ORG         0000H
AJMP        MAIN
ORG         0100H
;* * * * * * * * * * * * 主程序开始* * * * * * * * * * * * *
MAIN:
            LCALL       INIT_18B20
            LCALL       INIT_1602
            LCALL       GET_TEMPER
;* * * * * * * * * * * * 读出的温度进行数据转换* * * * * * * * * * * * * *
CHANGE:
            MOV         A,#0F0H
            ANL         A,29H           ;舍去温度低位中小数点后的四位温度数值
            SWAP        A
            MOV         3FH,A           ;得到低四位
            MOV         A,29H
```

```
              JNB       ACC.3,CH1        ;四舍五入取温度值
              INC       3FH
CH1:          MOV       A,28H
              ANL       A,#07H
              SWAP      A
              ORL       A,3FH            ;得到高四位,再与低四位相或得到值
              MOV       B,#10
              DIV       AB
              ADD       A,#2EH
              MOV       33H,A
              MOV       A,B
              ADD       A,#30H
              MOV       34H,A
              LCALL     DISPLAY          ;调用液晶显示子程序
              LCALL     DELAY
              AJMP      MAIN
;* * * * * * * * * *DS18B20复位程序* * * * * * * * * * * * * * * * * *
INIT_18B20:SETB        DQ
              NOP
              CLR       DQ
              MOV       R0,#0FBH
TSR1:         DJNZ      R0,TSR1          ;延时
              SETB      DQ
              MOV       R0,#25H
TSR2:         JNB       DQ,TSR3
              DJNZ      R0,TSR2
TSR3:         SETB      FLAG1            ;置标志位,表明 DS18B20 存在
              CLR       P1.0             ;二极管指示
              AJMP      TSR5
TSR4:         CLR       FLAG1
              LJMP      TSR7
TSR5:         MOV       R0,#06BH
TSR6:         DJNZ      R0,TSR6
TSR7:         SETB      DQ               ;表明不存在
              RET
;* * * * * * * * * * * *LCD1602初始化* * * * * * * * * * * * * * * * * *
INIT_1602:MOV           A,#38H           ;功能设定
              ACALL     WR_CMD           ;写命令
              MOV       A,#0CH           ;显示开/关设定
              ACALL     WR_CMD
              MOV       A,#06H           ;输入模式设定
              ACALL     WR_CMD
              MOV       A,#01H           ;清屏
```

```
          ACALL      WR_CMD
          RET
;* * * * * * * * * * * * * *读转换后的温度值* * * * * * * * * * * * * *
GET_TEMPER:
          SETB       DQ
          LCALL      INIT_18B20
          JB         FLAG1,TSS2
          RET                     ;若不存在则返回
TSS2:     MOV        A,#0CCH      ;跳过 ROM
          LCALL      WRITE_18B20
          MOV        A,#44H       ;发出温度转换命令
          LCALL      WRITE_18B20
          LCALL      DISPLAY      ;显示
          LCALL      INIT_18B20
          MOV        A,#0CCH      ;跳过 ROM
          LCALL      WRITE_18B20
          MOV        A,#0BEH      ;发出读温度命令
          LCALL      WRITE_18B20
          LCALL      READ2_18B20  ;读温度
          RET
;* * * * * * * * * * * * *写 DS18B20 * * * * * * * * * * * * * * * * * * * *
WRITE_18B20:
          MOV        R2,#8
          CLR        C
WR1:
          CLR        DQ
          MOV        R3,#6
          DJNZ       R3,$
          RRC        A
          MOV        DQ,C
          MOV        R3,#23
          DJNZ       R3,$
          SETB       DQ
          NOP
          DJNZ       R2,WR1
          SETB       DQ
          RET
;* * * * * * * * * * * *读 DS18B20 程序,读出温度 * * * * * * * * *
READ2_18B20:
          MOV        R4,#2        ;低位存在 29 H,高位存在 28H
          MOV        R1,#29H
RE00:     MOV        R2,#8
RE01:     CLR        C
```

```
                SETB        C
                NOP
                NOP
                CLR         DQ
                NOP
                NOP
                NOP
                SETB        DQ
                MOV         R3,#7
                DJNZ        R3,$
                MOV         C,DQ
                MOV         R3,#23
                DJNZ        R3,$
                RRC         A
                DJNZ        R2,RE01
                MOV         @R1,A
                DEC         R1
                DJNZ        R4,RE00
                RET


WR_CMD:         ACALL       BUSY
                CLR         E            ;E 清 0
                CLR         RS           ;RS=0,写入控制命令
                CLR         RW           ;R/W 清 0
                SETB        E            ;E 置 1
                MOV         P2, A        ;命令送入液晶数据口
                CLR         E            ;E 清 0
                RET
;*********************写液晶数据*********************
WR_DATA:        ACALL       BUSY         ;判断液晶模块是否忙
                CLR         E            ;E 清 0
                SETB        RS           ;RS=1,写入数据
                CLR         RW           ;R/W 清 0
                SETB        E            ;E 置 1
                MOV         P2, A        ;数据送入液晶数据口
                CLR         E            ;E 清 0
                RET
;*********************写行字符*********************
PR_STR:         CLR         A            ;A 清 0,因为 A 也作为读表存放内容
                MOVC        A, @A+DPTR   ;查表
                JZ          END_PR       ;是否到最后一个字符
                ACALL       WR_DATA      ;液晶屏写数据
                INC         DPTR         ;下一个字符
```

```
            AJMP       PR_STR
END_PR:     MOV        A,#10H
            RET
; * * * * * * * * * * * * 查看液晶忙碌信号 * * * * * * * * * * * * * * * * * * * * * *
BUSY:                              ;判断液晶显示器是否忙的子程序
            CLR        RS          ;RS 清 0
            SETB       RW          ;R/W 置 1
            CLR        E           ;E 清 0
            SETB       E           ;E 置 1
            JB         P2.7,BUSY   ;如果 P2.7 为高电平,则表示忙,循环等待
            ACALL      D1MS
            RET
; * * * * * * * * * * * * * * * * * * DISPLAY * * * * *
DISPLAY:    MOV        A,#80H        ;第一行第 1 个点
            ACALL      WR_CMD
            MOV        DPTR, #LINE1
            ACALL      PR_STR
            ACALL      WR_DATA
            MOV        A,#0C3H       ;第二行第 3 个点
            ACALL      WR_CMD
            MOV        A,#2BH        ;显示"+"
            ACALL      WR_DATA
            MOV        A,34H
            ACALL      WR_DATA
            MOV        A,33H
            ACALL      WR_DATA
            MOV        A,#0C6H       ;第二行第 6 个点
            ACALL      WR_CMD
            MOV        DPTR, #LINE2
            ACALL      PR_STR
            ACALL      WR_DATA
            RET
; * * * * * * * * * * * * * * * * * * * * * * * * * * * * * * * * * * * *
D1MS:       MOV        R7,#80        ;1ms 延时(按 12MHz 算)
            DJNZ       R7,$
            RET
; * * * * * * * * * * * * * * * * * * * * * * * * * * * * * * * * * * * * * * * * *
;延时 0.5s 子程序
;LCD 显示使用
; * * * * * * * * * * * * * * * * * * * * * * * * * * * * * * * * * * * * * * * * *
DELAY:      MOV        R4,#50
DL3:        MOV        R5,#249
DL4:        MOV        R6,#250
```

```
            DJNZ        R6,$
            DJNZ        R5,DL4
            DJNZ        R4,DL3
            RET
;* * * * * * * * * * * * * * * * * * * * * * * *
LINE1: DB "DS18B20 TEST",0
LINE2: DB 10H,0DFH,"C",0   ;0DFH 为 C 前的符号的16进制代码
END
```

（2）C 语言源程序

```
/* * * * * * * * * * * * * * * * * * * * * * * * * * * * * * * * * * */
/*        将 DS18B20 的数据口连接 P3.6        */
/*        液晶模块数据端连接至 P2            */
/*        液晶模块控制口 E 连接 P0.0          */
/*        液晶模块控制口 RW 连接 P0.1         */
/*        液晶模块控制口 RS 连接 P0.2         */
/* * * * * * * * * * * * * * * * * * * * * * * * * * * * * * * * * * */
#include<reg52.h>
#define uchar unsigned char
#define uint  unsigned int

sbit DQ = P3^6;                          //DS18B20 数据口
uchar FLAG=0;                            //正负温度标志

unsigned char TMPH,TMPL;

//这三个引脚作用参考项目7任务1
sbit E =P0^0;                            //LCD1602 使能引脚
sbit RW=P0^1;                            //LCD1602 读/写选择引脚
sbit RS=P0^2;                            //LCD1602 数据/命令选择引脚

void delay_1()
{
    int i,j;
    for(i=0; i<=10; i++)
    for(j=0; j<=2; j++);
}

void write(uchar des,bit DC)
{   E=0;
    P2=des;
    RS=DC;
    RW=0;
    E=1;
```

```
    delay_1();
    E=0;
    delay_1();
}


//LCD1602初始化,请参考项目7任务1
void L1602_init(void)
{
    write(0x38,0);
    write(0x0c,0);
    write(0x06,0);
}


//改变液晶中某位的值,如要让第一行第五个字符显示"b",调用该函数如下:
L1602_char(1,5,' b' )
void L1602_char(uchar hang,uchar lie,char sign)
{
    uchar a;
    if(hang==1) a=0x80;
    if(hang==2) a=0xc0;
    a=a+lie-1;
    write(a,0);
    write(sign,1);
}


//改变液晶中某位的值,如让第一行第五个字符开始显示"ab cd ef",调用该函数如下:
L1602_string(1,5,"ab cd ef;")
void L1602_string(uchar hang,uchar lie,uchar * p)
{
    uchar a;
    if(hang==1) a=0x80;
    if(hang==2) a=0xc0;
    a=a+lie-1;
    write(a,0);
    while(1)
    {
        if(*p==' \0' ) break;
        write(*p,1);
        p++;
    }
}


void delay(uint N)
```

```
{
    int i;
    for(i=0; i<N; i++)
    ;
}


Init_Ds18b20()
{
    bit Status_Ds18b20;
    DQ=1;
    DQ=0;
    delay(250);
    DQ=1;
    delay(20);
    if(! DQ)
      Status_Ds18b20=0;
      else
      Status_Ds18b20=1;
    delay(250);
    DQ=1;
    return Status_Ds18b20;
}
uchar Read_Ds18b20()
{
    uchar i=0,dat=0;
    for(i=0;i<8;i++)
      {
        DQ=1;
        DQ=0;
        dat>>=1;
        DQ=1;
        if(DQ)
          dat|=0x80;
        DQ=1;
        delay(25);
      }
        return dat;
}


void Witie_Ds18b20(uchar dat)
{
    uchar i=0;
    for(i=0;i<8;i++)
```

```
    {
        DQ=1;
        dat>>=1;
        DQ=0;
        DQ=CY;
        delay(25);
        DQ=1;
    }
}

void chuli()
{
        uint temp;
        float tem;
        Init_Ds18b20();                  //复位
        Witie_Ds18b20(0xcc);             //写跳过 ROM 命令
        Witie_Ds18b20(0x44);             //开启温度转换
        Init_Ds18b20();
        Witie_Ds18b20(0xcc);
        Witie_Ds18b20(0xbe);             //读暂存器
        TMPL = Read_Ds18b20();
        TMPH = Read_Ds18b20();

        temp = TMPH;
        temp <<= 8;
        temp = temp |TMPL;
        if(TMPH>=8)
        {
            temp= ~ temp+1;
            FLAG=1;
        }
        else FLAG=0;
        tem=temp * 0.0625;
        temp=tem * 100;

        if((temp/10000)==0)          //当高位为 0 时不显示 0
          L1602_char(2,5,'  ' );
        else
          L1602_char(2,5,temp/10000 + 48);
        if((temp/10000)= =0&&(temp/1000% 10)= =0)      //当高位为 0 时不显示 0
          L1602_char(2,6,'  ' );
        else
          L1602_char(2,6,temp/1000% 10 + 48);
```

```
        L1602_char(2,7,temp/100% 10 + 48);


        L1602_char(2,8,0x2e);
     L1602_char(2,9,temp/10% 10 + 48);
     L1602_char(2,10,temp% 10 + 48);
     L1602_char(2,11,0xdf);                          //温度符号 C 前的圈
     if(FLAG= =1)
        L1602_char(2,4,0x2d);                        //输出"-"号
     else
        L1602_char(2,4,0x2b);                        //输出"+"号
}
void main()
{
     P0 = 0x00;
     L1602_init();
     L1602_string(1,1,"  DS18B20 TEST  ");
     L1602_string(2,1,"             C");
     while(1)
     {
     chuli();
     }
}
```

项 目 小 结

对于 LCD1602，主要要求掌握读、写命令与数据的时序区别，以及第一行、第二行显示的定位，这样才能有效地对模块进行读、写操作。

对于 DS18B20，主要要求掌握其初始化操作、写操作与读操作。

练 习 七

1. 使用单片机控制 LCD1602 模块，完成如下显示：

（1）第一行，显示班级。

（2）第二行，显示自己的姓名的拼音，如

Yidong1501

zhangsan

（3）要求字符滚动显示。

2. 简述 DS18B20 的特性。

扩展项目 俄罗斯方块游戏的设计

 学习要求

1）掌握点阵的设计方法。
2）掌握 LCD12864 的显示方法。
3）具备设计创新能力。
4）具备自主学习能力。
5）具备良好的沟通能力。
6）具备团队协作能力。

 知识点

1）点阵显示工作原理。
2）LCD12864 工作原理。

任务1 点阵显示

 任务要求

要求使用 16×16 LED 点阵完成"广西机电"的显示。

 要点分析

掌握 LED 点阵的结构、原理以及显示的方法。

 学习要点

随着技术的发展，在很多场合都可以看到 LED 点阵显示屏，无论它有多大，它的核心部件仍然是发光半导体。

8.1.1 LED 点阵的结构

LED 点阵实际是利用许多发光二极管排成行与列构成，依照发光二极管的极性排列方式，可分为行共阴极与行共阳极两种类型。根据 LED 点阵每行或每列所含二极管个数的不同，可分为 5×7、8×8、16×16 点阵。图 8-1 所示为最常见的 8×8LED 点阵。

8×8LED 点阵内部实际是由 64 个发光二极管组成的，其等效电路如图 8-2 所示。根据电路可看出，此为行共阳极点阵，行接高电平，列接低电平，则发光二极管亮。

8.1.2 LED 点阵显示原理

人眼是有视觉惰性的，也就是亮度的感觉不会因光源的消失而立即消失，会有一个延迟

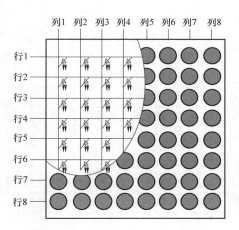

图 8-2　8×8LED 点阵内部等效电路

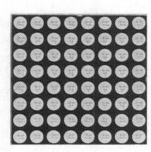

图 8-1　8×8LED 点阵

时间，产生视觉暂留。视觉惰性可以理解为光线对人眼视觉的作用、传输、处理等过程都需要时间，因而视觉具有一定的低通性，实验表明，当外界光源突然消失时，人眼的亮度感觉是按指数规律逐渐减小的。这样当一个光源反复通断，在通断频率较低时，人眼可以发现高度的变化；而通断频率增高时，人眼就逐渐不能发现相应的亮度变化了。不至于引起闪烁感觉的最低反复通断频率称为临界闪烁频率。实验证明，临界闪烁频率大约为 24Hz，因此采用每秒 24 幅画面的电影，在人看起来就是连续活动的图像了。同样的原理，荧光灯每秒通断 50 次，而人看起来却是一直亮的。由于视觉具有惰性，人们在观察高于临界闪烁频率的反复通断的光线时，所得到的主观亮度感受实际上是客观亮度的平均值。

　　视觉惰性可以说是 LED 显示屏得以广泛应用的生理基础。首先，在 LED 显示屏中可以利用视觉惰性改善驱动电路设计，形成了常用的扫描驱动方式，也就是前面项目提到过的数码管的动态显示。扫描驱动方式的优点在于 LED 显示屏不必对每个发光二极管提供单独的驱动电路，而是若干个发光二极管为一组共用一个驱动电路，通过扫描的方法，使各组发光二极管依次点亮，只要扫描频率高于临界闪烁频率，人眼是感觉不到曾经熄灭过的。

任务实施

8.1.3　任务实施步骤

1. 流程图设计

流程图设计如图 8-3 所示。

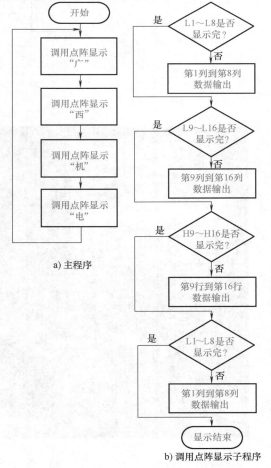

图 8-3　流程图设计

2. 电路选择

电路图设计如图 8-4 所示，实物如图 8-5 所示。

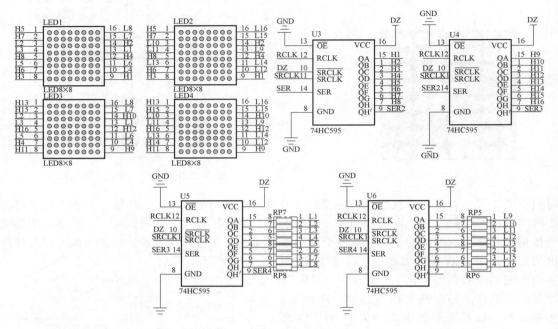

图 8-4　电路图设计

图 8-5　点阵显示实物图

如图 8-4 所示，使用到的信号线分别有 3 个：RCLK（输出存储器锁存时钟线）、SRCLK（数据输入时钟线）、SER（串行移位信号）。使用时需要将 DZ 信号与 5V 线用短路帽连接，以给 74HC595 供电。74HC595 和 74HC164 一样是在单片机系统中常用的芯片之一，它的作用就是把串行信号转为并行信号，常用作各种数码管以及点阵屏的驱动芯片，使用 74HC595 可以节约单片机的 I/O 口资源，用 3 个 I/O 口就可以控制 8 个数码管的引脚，它还具有一定的驱动能力，可以免掉晶体管等放大电路。

3. C 语言源程序及知识点解析

```c
#include <REG51.H>

#define uchar unsigned char
#define uint   unsigned int

sbit CE = P2^0;
sbit RCK = P2^1;
sbit SCK = P2^2;
unsigned char code hang[]={0x00, 0x01, 0x00, 0x02, 0x00, 0x04, 0x00, 0x08, 0x00,
0x10, 0x00, 0x20, 0x00, 0x40, 0x00, 0x80, 0x01, 0x00, 0x02, 0x00, 0x04, 0x00, 0x08,
0x00, 0x10, 0x00, 0x20, 0x00, 0x40, 0x00, 0x80, 0x00};
unsigned char code data1[]={
//"广" 大小:16×16
0x00,0x80,0x01,0x00,0x01,0x00,0x3F,0xFC,0x00,0x04,0x00,0x04,0x00,0x04,0x00,
0x04,0x00,0x04,0x00,0x04,0x00,0x04,0x00,0x04,0x00,0x04,0x00,0x02,0x00,0x02,
0x00,0x01};
unsigned char code data2[]={
//"西"   大小:16×16
0x00,0x00,0x7F,0xFF,0x02,0x20,0x02,0x20,0x02,0x20,0x1F,0xFC,0x12,0x24,0x12,
0x24,0x12,0x24,0x12,0x24,0x1C,0x14,0x10,0x0C,0x10,0x04,0x10,0x04,0x1F,0xFC,
0x10,0x04};

unsigned char code data3[]={
//"机"   大小:16×16
0x00,0x08,0x0F,0x88,0x08,0x88,0x08,0x88,0x08,0xBF,0x08,0x88,0x08,0x8C,0x08,
0x9C,0x08,0xAA,0x08,0xAA,0x08,0x89,0x48,0x88,0x48,0x88,0x48,0x48,0x70,0x48,
0x00,0x28};
unsigned char code data4[]={
//"电"   大小:16×16
0x00,0x80,0x00,0x80,0x00,0x80,0x1F,0xFC,0x10,0x84,0x10,0x84,0x10,0x84,0x1F,
0xFC,0x10,0x84,0x10,0x84,0x10,0x84,0x1F,0xFC,0x50,0x84,0x40,0x80,0x40,0x80,
0x7F,0x00} ;
void HC595SendData( uchar BT3, uchar BT2,uchar BT1,uchar BT0);

void main()
```

```
    {
        uint k,j;
        while(1)
        {
            for (j=0;j<500;j++)
                for(k = 0; k < 16; k++)                //显示"广"字
                    HC595SendData(~data1[2 * k],~data1[2 * k+1],hang[2 * k],hang[2 * k+1]);
//因为字模软件取的数组是高电平有效,所以列要取反
            for (j=0;j<500;j++)
                for(k = 0; k < 16; k++)                //显示"西"字
                    HC595SendData(~data2[2 * k],~data2[2 * k+1],hang[2 * k],hang[2 * k+1]);
            for (j=0;j<500;j++)
                for(k = 0; k < 16; k++)                //显示"机"字
                    HC595SendData(~data3[2 * k],~data3[2 * k+1],hang[2 * k],hang[2 * k+
1]);
            for (j=0;j<500;j++)
                for(k=0; k < 16; k++)                  //显示"电"字
                    HC595SendData(~data4[2 * k],~data4[2 * k+1],hang[2 * k],hang[2 * k+1]);
        }
    }
/* * * * * * * * * * * * * * * * * * * * * * * * * * * * * * * * * * *
* 函数名         :74HC595SendData
* 函数功能       :通过74HC595发送4B的数据
* 输入           :BT3:L1~L8的74HC595输出数值
*               * BT2:L9~L16的74HC595输出数值
*               * BT1:H9~H16的74HC595输出数值
*               * BT0:H1~H8的74HC595输出数值
* 输出           :无
* * * * * * * * * * * * * * * * * * * * * * * * * * * * * * * * * * * * */
void HC595SendData(uchar BT3,uchar BT2,uchar BT1,uchar BT0)
{
uchar i;
for(i=0;i<8;i++)
{
  CE=BT3&0x80;//从高位到低位
BT3 <<=1;
SCK=0;
SCK=1;
}
//--发送第一个字节--//
for(i=0;i<8;i++)
```

```
    {
      CE＝BT2 ＞＞7;//从高位到低位
      BT2 ＜＜=1;
      SCK＝0;
      SCK＝1;
    }

  for(i＝0;i＜8;i++)
  {
    CE＝BT1 ＞＞ 7;
    BT1 ＜＜=1;
    SCK＝0;
    SCK＝1;
  }

  for(i＝0;i＜8;i++)
  {
    CE＝BT0 ＞＞ 7;
    BT0 ＜＜=1;
    SCK＝0;
    SCK＝1;
  }
    //--输出--//
  RCK＝0;
  RCK＝1;
  RCK＝0;
  }
```

输出的文字可以利用字模软件生成，本实验板电路需要横向取模同时将字左右反向，具体情况依电路板决定。

任务2　俄罗斯方块游戏设计（点阵）

 **任务要求**

要求使用按键完成俄罗斯方块游戏的操作，点阵屏显示游戏画面，数码管显示游戏获得总分。

要点分析

掌握点阵的刷新，随机数的生成。

 学习要点

俄罗斯方块是一款风靡全球的电视游戏机和掌上游戏机游戏，它由俄罗斯人阿列克谢·帕基特诺夫（英文：Alexey Pajitnov）发明，故而得名。俄罗斯方块的基本规则是移动、旋转和摆放游戏随机输出的各种方块，使之排列成完整的一行或多行并且消除得分。

8.2.1 俄罗斯方块游戏的基本规则

1）一个用于摆放小型正方形的平面虚拟场地，其标准大小：行宽为 10，列高为 16，以每个小正方形为单位。

2）一组由 4 个小型正方形组成的规则图形，英文称为 Tetromino，中文通称为方块，共有 7 种，分别以 S、Z、L、J、I、O、T 这 7 个字母的形状来命名。

I：一次最多消除四层。

J（左右）：最多消除三层，或消除两层。

L：最多消除三层，或消除两层。

O：消除一至两层。

S（左右）：最多两层，容易造成孔洞。

Z（左右）：最多两层，容易造成孔洞。

T：最多两层。

方块会从区域上方开始缓慢继续落下。

3）预先设置的随机发生器不断地输出单个方块到屏的顶部，以一定的规则进行移动、旋转、下落和摆放，锁定并填充到屏中。每次摆放如果将屏的一行或多行完全填满，则组成这些行的所有小正方形将被消除，并且以此来换取一定的积分或者其他形式的奖励。而未被消除的方块会一直累积，并对后来的方块摆放造成各种影响。

① 可以做的操作有：以 90°为单位旋转方块，以格子为单位左右移动方块，或让方块加速落下。

② 方块移到区域最下方或是到其他方块上无法移动时，就会固定在该处，而新的方块出现在区域上方开始落下。

③ 当区域中某一行横向格子全部由方块填满，则该行会被删除并成为玩家的得分。删除的行数越多，得分越多。

④ 当固定的方块堆到区域最上方而无法消除时，则游戏结束。

⑤ 提示下一个要落下的方块。

4）如果未被消除的方块堆放的高度超过显示屏所规定的最大高度，则游戏结束。

 任务实施

8.2.2 任务实施步骤

1. 流程图设计

流程图设计如图 8-6 所示。

2. 电路选择

电路选择与本项目任务 1 相同。

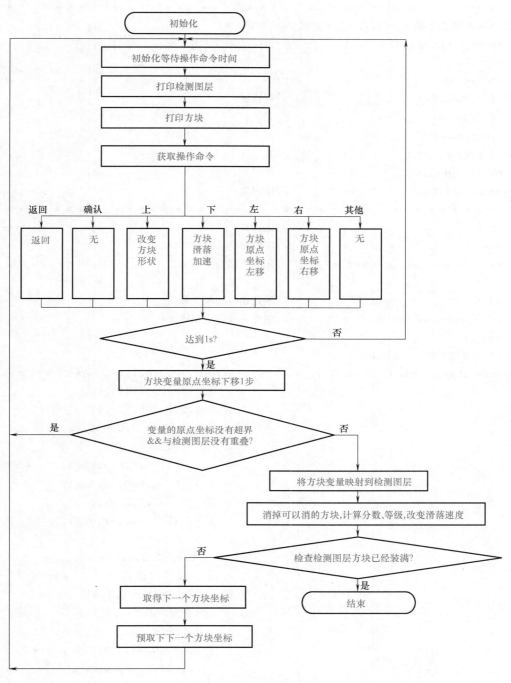

图 8-6 点阵俄罗斯方块流程图设计

3. 源程序及知识点解析

```
/***********************************************************/
#include "reg52.h"
#include "Game.h"                    //包含了游戏中所需要的函数库
```

```
/ * * * * * * * * * * * * * * * * * * * * * * * * * * * * * * * * * * * * * * /
/ * * 按钮按下的返回代码,非按下返回 ERROR 值 * * /
#define RETURN          1          //返回
#define UP              2          //上
#define OK              3          //OK
#define NULL1           4          //预留1
#define LEFT            5          //左
#define DOWN            6          //下
#define RIGHT           7          //右
#define NULL2           8          //预留2
#define ERROR           0          //错误值
/ * * * * * * * * * * * * * * * * * * * * * * * * * * * * * * * * * * * * * * /
#define True            1          //逻辑真
#define False           0          //逻辑假
#define Bool unsigned char         //布尔数据类型

unsigned int AppTOM;               //创建超时比较变量
unsigned char Grade;               //创建游戏等级记录变量

/ * * 方块形状 XY 坐标集 * * /
code signed char CodeGameT[7][4][8]={{{-1,0,0,-1,0,0,1,0},    / * T * /
                                      {0,-1,0,0,0,1,1,0},
                                      {-1,0,0,0,0,1,1,0},
                                      {-1,0,0,-1,0,0,0,1}},

                                     {{-1,-1,-1,0,0,-1,0,0},   / * O * /
                                      {-1,-1,-1,0,0,-1,0,0},
                                      {-1,-1,-1,0,0,-1,0,0},
                                      {-1,-1,-1,0,0,-1,0,0},},

                                     {{-2,0,-1,0,0,0,1,0},      / * I * /
                                      {0,-2,0,-1,0,0,0,1},
                                      {-2,0,-1,0,0,0,1,0},
                                      {0,-2,0,-1,0,0,0,1},},

                                     {{-1,-1,0,-1,0,0,1,0},    / * Z * /
                                      {0,0,0,1,1,-1,1,0},
                                      {-1,-1,0,-1,0,0,1,0},
                                      {0,0,0,1,1,-1,1,0},},

                                     {{-1,0,0,-1,0,0,1,-1},    / * ! Z * /
                                      {0,-1,0,0,1,0,1,1},
                                      {-1,0,0,-1,0,0,1,-1},
```

```
                                        {0,-1,0,0,1,0,1,1},},

                                        {{-1,0,0,0,1,-1,1,0},   /*L*/
                                        {0,-1,0,0,0,1,1,1},
                                        {-1,0,-1,1,0,0,1,0},
                                        {-1,-1,0,-1,0,0,0,1},},

                                        {{-1,-1,-1,0,0,0,1,0},   /*!*/
                                        {0,-1,0,0,0,1,1,-1},
                                        {-1,0,0,0,1,0,1,1},
                                        {-1,1,0,-1,0,0,0,1},}};
```

```c
/**坐标数据类型**/
struct Position{
  signed char x;
  signed char y;
};

/**方块坐标数据类型**/
typedef struct{

  struct Position ThisXY[4];
  struct Position PosXY;
  unsigned char ThisBlo;
  unsigned char Status;

}BloTypedef;

/************************************************
* 函数名     :NextBloStatus
* 函数功能   :获取当前方块的下一个变化的坐标
* 输入       :*tmpBlo(方块变量指针)
* 输出       :无
************************************************/
void NextBloStatus(BloTypedef * tmpBlo)
{
  signed char * pWrite, * pRead;
  unsigned char i;
  if(tmpBlo->Status < 3)
  {
    tmpBlo->Status++;
  }
  else
  {
```

```
    tmpBlo->Status=0;
  }


  pWrite=&(tmpBlo->ThisXY[0].x);
  pRead=CodeGameT[tmpBlo->ThisBlo][tmpBlo->Status];

  for(i=0; i < 8; i++)
  {
    *pWrite++=*pRead++;
  }
}


/* * * * * * * * * * * * * * * * * * * * * * * * * * * * * * * * * * *
 * 函数名      :getBloCode
 * 函数功能    :获取方块坐标数组(共 4 个坐标点)
 * 输入        :*tmpBlo(方块变量指针)
 * 输出        :无
 * * * * * * * * * * * * * * * * * * * * * * * * * * * * * * * * * * */
void getBloCode(BloTypedef *tmpBlo)
{
  unsigned char TargetBlo;
  signed char *pWrite,*pRead;
  unsigned char i;

  TargetBlo=RandNumber % 7;
  tmpBlo->ThisBlo=TargetBlo;
  tmpBlo->Status=RandNumber % 4;
  tmpBlo->PosXY.x=4;
  tmpBlo->PosXY.y=0;
  pWrite=&(tmpBlo->ThisXY[0].x);
  pRead=CodeGameT[TargetBlo][tmpBlo->Status];

  for(i=0; i < 8; i++)
  {
    *pWrite++=*pRead++;
  }
}


/* * * * * * * * * * * * * * * * * * * * * * * * * * * * * * * * * * *
 * 函数名      :printfBlo
 * 函数功能    :在指定的布局上打印方块
 * 输入        :*Lay_tmp(布局变量指针),*tmpBlo(方块变量指针)
 * 输出        :无
```

```
* * * * * * * * * * * * * * * * * * * * * * * * * * * * * * * * * * * * * * * * * * /
void printfBlo(LayoutTypedef * Lay_tmp,unsigned char Color,BloTypedef * tmpBlo)
{
  unsigned char i;
  for(i=0; i < 4; i++)
  {
    LayWriteXY(Lay_tmp,Color,tmpBlo->ThisXY[i].x + tmpBlo->PosXY.x,
              tmpBlo->ThisXY[i].y + tmpBlo->PosXY.y);
  }
}


/* * * * * * * * * * * * * * * * * * * * * * * * * * * * * * * * * * * * * * * * *
* 函数名      :BolFrontier
* 函数功能    :判断方块原点坐标是否没有超界,不超界返回真,超界返回假
* 输入        :* tmpBlo(方块变量指针)
* 输出        :逻辑值 (真或假)
* * * * * * * * * * * * * * * * * * * * * * * * * * * * * * * * * * * * * * * * * /
Bool BolFrontier(BloTypedef * tmpBlo)   //方块移动的边界(范围),不超返回真
{
  unsigned char i;

  for(i=0; i < 4; i++)
  {
    if((tmpBlo->ThisXY[i].x + tmpBlo->PosXY.x< 0) ||
      (tmpBlo->ThisXY[i].x + tmpBlo->PosXY.x > 7) ||
      (tmpBlo->ThisXY[i].y + tmpBlo->PosXY.y > 15))
    {
      return False;
    }
  }
  return True;
}


/* * * * * * * * * * * * * * * * * * * * * * * * * * * * * * * * * * * * * * * * *
* 函数名      :BloBuild
* 函数功能    :判断方块所有坐标点是否没与检测层重叠的点,有重叠返回假,否则返回真
* 输入        :* Lay_tmp(布局变量指针),* tmpBlo(方块变量指针)
* 输出        :逻辑值 (真或假)
* * * * * * * * * * * * * * * * * * * * * * * * * * * * * * * * * * * * * * * * * /
Bool BloBuild(LayoutTypedef * Lay_tmp,BloTypedef * tmpBlo)   /* 搭建房子的边界,可
                                                     以打印返回真 */

{
```

```
    unsigned char i;

    for(i=0; i < 4; i++)
    {
      if(LayReadXY(Lay_tmp,0,tmpBlo->ThisXY[i].x + tmpBlo->PosXY.x,tmpBlo->ThisXY
[i].y + tmpBlo->PosXY.y))
      {
        return False;
      }
    }
    return True;
  }



/* * * * * * * * * * * * * * * * * * * * * * * * * * * * * * * * * * * * *
 * 函数名     :SYS_IMG
 * 函数功能   :SYS_IMG 函数用来代替 LayWImg 函数和 LayRImg 函数,
              SYS_IMG 写入效率比 LayWImg 函数和 LayRImg 函数高 8 倍至 16 倍以上,但将会失去
              窗口拖动、滚动、自定义长宽功能,pData 指向数据的长必须为 8 的倍数
 * 输入       : * pData(指针变量)
 * 输出       :无
 * * * * * * * * * * * * * * * * * * * * * * * * * * * * * * * * * * * * */
void SYS_IMG(unsigned char * pData)
{
  unsigned char i;
  for(i=0; i < 16; i++)
  {
    CacheLCD[i][0]= * (pData + i);
  }
}
unsigned char getOrder()
{
  unsigned char Key_tmpData;

  Key_tmpData=ButtonRead();
  if(IRIN_Switci)
  {
    if(Key_tmpData==ERROR)
    {
      Key_tmpData=ReadIr();
      switch(Key_tmpData)
      {
        case IR_RETURN:return RETURN; break;
```

```
            case IR_UP:return UP; break;
            case IR_OK:return OK; break;
            case IR_LEFT:return LEFT; break;
            case IR_DOWN:return DOWN; break;
            case IR_RIGHT:return RIGHT; break;
            default:return ERROR; break;
            }
        }
    }
    return Key_tmpData;
}


/* * * * * * * * * * * * * * * * * * * * * * * * * * * * * * * * * * * * * *
* 函数名       :GameTetrisMain
* 函数功能     :俄罗斯方块主程序
* 输入         :无
* 输出         :无
* * * * * * * * * * * * * * * * * * * * * * * * * * * * * * * * * * * * * */
void GameTetrisMain(void)
{
    signed char i,j;                          //循环变量
    unsigned char Key_Cache;                  //键盘缓冲变量
    idata unsigned char DataTetris[16];       //检测层缓存数组
    LayoutTypedef AppTset;                    //创建检测图层布局变量
    BloTypedef tmpBlock;                      //创建临时方块变量
    BloTypedef prinLastBlock;                 //创建打印预读方块变量
    BloTypedef BlockThis;                     //创建活动方块变量
    BloTypedef BlockLast;                     //创建预读方块变量
    unsigned char GameScore;                  //创建游戏分数记录变量

    Uprintf("Go!!");
    InitLayout(&AppTset,DataTetris,0,0,8,17); //初始化检测图层布局变量
    LayClear(&Lay_System,0);
    LayClear(&AppTset,0);                     //清除检测图层布局变量全为0
    getBloCode(&BlockThis);                   //获取1个方块所有坐标点
    getBloCode(&BlockLast);                   //预读下个方块坐标点
    prinLastBlock=BlockLast;
    prinLastBlock.PosXY.x=12;
    prinLastBlock.PosXY.y=3;
    switch(Grade)                             //根据游戏等级来初始化难易
    {
        case 1:  AppTOM=900; break;           //初始化操作超时比较变量
        case 2:  AppTOM=800; break;
```

```
case 3:    AppTOM=700; break;
case 4:    AppTOM=600; break;
case 5:    AppTOM=500; break;
case 6:    AppTOM=400; break;
case 7:    AppTOM=300; break;
case 8:    AppTOM=200; break;
case 9:    AppTOM=100; break;
default:Grade=0; AppTOM=1000;
}
GameScore=0;                              //初始化游戏分数为0分

SysNumberView(Grade);                     //打印游戏等级到最底层布局
printfBlo(&Lay_System,1,&BlockThis);      //打印活动方块坐标到最底层布局
printfBlo(&Lay_System,1,&prinLastBlock);  //打印预读方块变量的最底层布局
SDDispNumber(GameScore);                  //刷新数码管显示缓存
Display();                                //刷新显示内容
while(1)
{
  SysTimeMS=0;                            //重新计时等待操作命令
  do{

    SYS_IMG(DataTetris);                  /*打印检测图层缓存到最低层布局缓存(效率
                                            比上一条高8倍,但是失去布局变量的部分
                                            功能)*/
    printfBlo(&Lay_System,1,&BlockThis);  //打印方块到最低层布局
    Display();                            //刷新显示内容
    tmpBlock=BlockThis;
    SysTimeMS_Ext=0;
    Key_Cache=getOrder();                 //获取命令
    if(Key_Cache==ERROR)
    {
    continue;                             //结束本次循环
    }
    switch(Key_Cache)
    {
      case UP:NextBloStatus(&tmpBlock);   //改变方块形状
            if(BolFrontier(&tmpBlock))
            {
                if(BloBuild(&AppTset,&tmpBlock)) /*活动方块所有坐标都不与检测图层重
                                                   叠就跳转到移动动作,否则撤销移
                                                   动*/
                {
                  BlockThis=tmpBlock;
```

```
                    SYS_IMG(DataTetris);            /* 打印检测图层缓存到最低层布局缓存 (效率
                                                        比上一条高 8 倍,但是失去布局变量的部分
                                                        功能) * /
                    printfBlo(&Lay_System,1,&BlockThis);
                                                    //打印到移动动作
                }
            }
            while(SysTimeMS_Ext < 120) Display();
                                            //超出 LCD 屏的边界就撤销移动
            break;
        case DOWN:  SysTimeMS = 0xFFFF; break;//加速方块滑落
        case LEFT:  tmpBlock.PosXY.x--;     //向左移动方块的原点坐标
            if(BolFrontier(&tmpBlock))
            {
                if(BloBuild(&AppTset, &tmpBlock))
                                            /* 活动方块所有坐标都不与检测图层重叠就
                                                打印到移动动作,否则撤销移动 * /
                {
                    BlockThis = tmpBlock;
                    SYS_IMG(DataTetris);            /* 打印检测图层缓存到最低层布局缓存 (效率
                                                        比上一条高 8 倍,但是失去布局变量的部分
                                                        功能) * /
                    printfBlo(&Lay_System, 1, &BlockThis);
                                                //打印到移动动作
                }
            }
            while(SysTimeMS_Ext < 100) Display();
            break;
        case RIGHT: tmpBlock.PosXY.x++;
            if(BolFrontier(&tmpBlock))
            {
                if(BloBuild(&AppTset, &tmpBlock))
                                            /* 活动方块所有坐标都不与检测图层重叠就
                                                打印到移动动作,否则撤销移动 Z * /
                {
                    BlockThis = tmpBlock;
                    SYS_IMG(DataTetris);            /* 打印检测图层缓存到最低层布局缓存,(效
                                                        率比上一条高 8 倍,但是失去布局变量的部
                                                        分功能) * /
                    printfBlo(&Lay_System, 1, &BlockThis);
                                                //打印到移动动作
                }
            }
```

```
            while(SysTimeMS_Ext < 100) Display();
            break;
        case RETURN:Uprintf("Returns will lose the game record!");
                                          //返回将会失去游戏记录！
            Vprintf("YN");                //是/否
            do
            {
              Key_Cache=getOrder();       //获取命令
              Display();
            }while((Key_Cache! =OK) && (Key_Cache ! =RETURN));
            if(Key_Cache==OK) return;     //用户已确认返回
            LayClear(&Lay_System,0);
            SysNumberView(Grade);
            printfBlo(&Lay_System,1,&prinLastBlock);
                                          //打印预读方块变量的最底层布局
            SysTimeMS_Ext=0;
            while(SysTimeMS_Ext < 180) Display();
            break;                        //退出游戏
        default:break;                    //不处理
    }

}while(SysTimeMS < AppTOM);                //在预计的时间内可以多次读取命令

BlockThis.PosXY.y++;                       //时间到方块自动落下1步
if(BolFrontier(&BlockThis) && BloBuild(&AppTset,&BlockThis))
                                          //初步判断落下的方块是否不与检测图层重叠
{
  SYS_IMG(DataTetris);                    /*打印检测图层缓存到最低层布局缓存(效率比
                                            上一条高8倍,但是失去布局变量的部分功
                                            能)*/
  printfBlo(&Lay_System,1,&BlockThis);    //打印方块到最低层布局
  Display();                              //刷新显示内容
}
else
{
  BlockThis.PosXY.y--;                    //恢复方块上一步的原点坐标
  printfBlo(&AppTset,1,&BlockThis);       //打印方块到检测图层
  for(i=0; i < 16; i++)                   //检测图层共16行
  {
    if(DataTetris[i]==0xff)
    {
      DataTetris[i]=0x00;                 //消掉可以消除的方块
      for(j=i; j > 0; j--)
```

```
          {
            DataTetris[j]=DataTetris[j-1];    //消掉后上面的方块要往下掉
          }
          DataTetris[j]=0;
          SYS_IMG(DataTetris);               /*打印检测图层缓存到最低层布局缓存(效率比
                                               上一条高8倍,但是失去布局变量的部分功
                                               能)*/
          GameScore++;                        //游戏分数加1
          if(GameScore % 20==0)              //每20分加1个等级
          {
            if(Grade < 9)                     //游戏等级最大为9级
            {
              Grade++;                        //游戏等级加1
                SysNumberView(Grade);         //打印游戏等级到最底层布局
              AppTOM -=100;                   //落下延时减少100ms
            }
          }

          SDDispNumber(GameScore);            //刷新数码管显示缓存
          SysTimeMS=0;
          while(SysTimeMS < 50)LCD_Display(); //刷新显示内容
        }
    }
    if(DataTetris[0])                         //检查检测图层是否已经被装满
    {
      Uprintf("Game Over!");
      return;                                 //游戏结束
    }
    else
    {
      BlockThis=BlockLast;
      getBloCode(&BlockLast);
      printfBlo(&Lay_System,0,&prinLastBlock);
                                              //消掉预读方块的打印位置
                                              //清除预读方块显示的区域
      prinLastBlock=BlockLast;
      prinLastBlock.PosXY.x=12;               //定位预读方块的打印位置
      prinLastBlock.PosXY.y=3;
      printfBlo(&Lay_System,1,&prinLastBlock);
                                              //打印预读方块变量的最底层布局

    }
  }
}
}
```

任务3 俄罗斯方块游戏设计（LCD12864）

任务要求

要求使用按键操作完成俄罗斯方块游戏的设计，并由 LCD12864 显示。

要点分析

掌握 LCD12864 的初始化流程以及显示的方法。

学习要点

LCD12864 是一种统称，只说明液晶屏的一个特征，就是由 128×64 个点构成。它可分为两种：带字库和不带字库。不带字库的与任务 1 中的点阵使用方法相同，可以使用取模软件对需要显示的对象进行取模，无论是中文还是图片都适用。其外形如图 8-7 所示。

图 8-7 LCD12864 液晶屏

8.3.1 LCD12864 模块引脚说明

引脚说明见表 8-1。

表 8-1 LCD12864 模块引脚说明

引脚号	引脚名称	电平	引脚功能描述
1	VSS	0V	电源地
2	VCC	3~5V	电源正极
3	VO	—	对比度（亮度）调整
4	RS	H/L	RS = "H"，表示 DB7~DB0 为显示数据 RS = "L"，表示 DB7~DB0 为显示指令数据
5	R/W	H/L	R/W = "H"，E = "H"，数据被读到 DB7~DB0 R/W = "L"，E = "H→L"，DB7~DB0 的数据被写到 IR 或 DR
6	E	H/L	使能信号
7~14	DB0~DB7	H/L	8 位三态数据线
15	CS1	H/L	H:选择芯片（左半屏）信号
16	CS2	H/L	H:选择芯片（右半屏）信号
17	$\overline{RST}$	H/L	复位端,低电平有效
18	VOUT	—	LCD 驱动电压输出端
19	A	VDD	背光源正端（+5V）
20	K	VSS	背光源负端

8.3.2 LCD12864 模块指令说明

指令说明见表 8-2。

表 8-2　LCD12864 模块指令说明

指令	指令码										功能
	RS	R/W	DB7	DB6	DB5	DB4	DB3	DB2	DB1	DB0	
清除显示	0	0	0	0	0	0	0	0	0	1	将 DDRAM 填满"20H",并且设定 DDRAM 的地址计数器(AC)到"00H"
地址归位	0	0	0	0	0	0	0	0	1	0	设定 DDRAM 的地址计数器(AC)到"00H",并且将游标移到开头原点位置;这个指令不改变 DDRAM 的内容
进入点设定	0	0	0	0	0	0	0	1	I/D	S	在数据读取与写入时,设定游标的移动方向及指定显示的移位
显示状态开/关	0	0	0	0	0	0	1	D	C	B	D=1:整体显示开;C=1:游标开;B=1:游标位置反白允许
游标或显示移位控制	0	0	0	0	0	1	S/C	R/L	X	X	设定游标的移动与显示的移位控制位;这个指令不改变 DDRAM 的内容
功能设定	0	0	0	0	1	DL	X	RE	X	X	DL=0/1:4/8 位数据;RE=1:扩充指令操作;RE=0:基本指令操作
设定 CGRAM 地址	0	0	0	1	AC5	AC4	AC3	AC2	AC1	AC0	设定 CGRAM 地址
设定 DDRAM 地址	0	0	1	0	AC5	AC4	AC3	AC2	AC1	AC0	设定 DDRAM 地址(显示位址),第一行:80H~87H,第二行:90H~97H
读取忙标志和地址	0	1	BF	AC6	AC5	AC4	AC3	AC2	AC1	AC0	读取忙标志(BF)可以确认内部动作是否完成,同时可以读出地址计数器(AC)的值
写数据到 RAM	1	0	数据								将数据 DB7~DB0 写入片内 RAM (DDRAM/CGRAM/IRAM/GRAM)
读出 RAM 值	1	1	数据								从片内 RAM 读取数据 DB7~DB0 (DDRAM/CGRAM/IRAM/GRAM)

8.3.3 LCD12864 的写操作

与项目 7 的任务 1 中 LCD1602 的叙述相同，LCD12864 一样也将写操作分为写命令与写数据。

1. 写命令

程序示例如下：

```
void lcd_writeCmd(uint8_t cmd)
{
    LCD_setIO(cmd);        //给端口送命令
    LCD_RS=0;              //指令
    LCD_RW=0;              //写操作
    WAIT_1us();
    LCD_E=1;
    WAIT_1us();
    LCD_E=0;
}
```

2. 写数据

程序示例如下：

```
void lcd_writeData(uint8_t da)
{
    LCD_setIO(da);         //给端口送数据
    LCD_RS=1;              //数据
    LCD_RW=0;              //写操作
    WAIT_1us();
    LCD_E=1;
    WAIT_1us();
    LCD_E=0;
}
```

所不同的是，见表 8-1，LCD12864 的操作是分左半屏和右半屏的。程序示例如下：

```
void lcd_setLeft(void)    //选择芯片(左半屏)信号
{
    LCD_CS2=0;
    LCD_CS1=1;
}

void lcd_setRight(void)   //选择芯片(右半屏)信号
{
    LCD_CS1=0;
    LCD_CS2=1;
}
```

任务实施

8.3.4 任务实施步骤

1. 流程图设计

流程图与前一任务相同。

2. 电路选择

电路连接如图 8-8 所示。

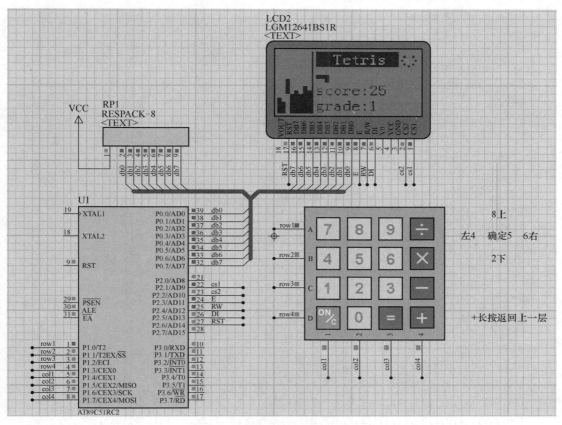

图 8-8　俄罗斯方块液晶显示电路连接图

3. 源程序及知识点解析

```c
#include <reg51.h>
#include "kernel.h"
#include "button.h"
#include "lcdHAL.h"
#include "view.h"
#include "libGraphics.h"
#include "stdio.h"

#define ALIGN  35

voidhome_timer_2_count(void);
static void taskMain_timer(void);
static void get_onLongClickMove_timer(void);

static void test_timer(void);
```

```
static code TimTr gtTr[]={
  taskMain_timer,
  get_onLongClickMove_timer,
  home_timer_2_count,
};

static xdata DTimgtDTim[3];
static code TimConfig gtTCon={
  gtTr,
  gtDTim,
  3,
};


typedef struct {
  uint8_t x;
  int8_t y;                  /* y坐标可以为负数 */
}Pos;

typedef struct {
  uint8_t x;
  uint8_t y;
}GplType;
static code GplType Gpl[7][4][4]={
  {{0,1,0,2,1,1,1,2},{0,1,0,2,1,1,1,2},{0,1,0,2,1,1,1,2},{0,1,0,2,1,1,1,2}},//O
  {{1,0,1,1,1,2,1,3},{0,2,1,2,2,2,3,2},{1,0,1,1,1,2,1,3},{0,2,1,2,2,2,3,2}},//I
  {{0,2,1,1,1,2,2,2},{1,1,1,2,1,3,2,2},{0,2,1,2,1,3,2,2},{0,2,1,1,1,2,1,3}},//T
  {{0,1,1,1,1,2,2,2},{0,1,0,2,1,0,1,1},{0,1,1,1,1,2,2,2},{0,1,0,2,1,0,1,1}},//Z
  {{0,2,1,1,1,2,2,1},{0,0,0,1,1,1,1,2},{0,2,1,1,1,2,2,1},{0,0,0,1,1,1,1,2}},//! Z
  {{0,2,1,2,2,1,2,2},{1,1,1,2,1,3,2,3},{0,2,0,3,1,2,2,2},{0,1,1,1,1,2,1,3}},//L
  {{0,1,0,2,1,2,2,2},{1,1,1,2,1,3,2,1},{0,2,1,2,2,2,3},{0,3,1,1,1,2,1,3}},//! L
};

static xdata uint8_t GT_disCache[2][8];
static xdata uint8_t GT_open[2][8];
static xdata uint8_t GT_image[8];

static Pos GplPos;

static uint8_t grup;
static uint8_t thisGL;
static GplType *GplGL;

static uint8_t nextGrup;
```

```
static uint8_t nextThisGL;
static GplType *nextGplGL;

static struct {
  uint16_t score;
  uint8_t  grade;
}gt;

static void cache_setDot(uint8_t x,int8_t y)
{
  uint8_t page,offset;

  if (y < 0) {
    return;                    /* 写开始区域 */
  }
  page=y / 8;
  offset=y % 8;
  GT_disCache[page][x] |=1 << offset;
}


/*
* 可写区域都返回 0
*/
static boolen getGT_openDot(uint8_t x,int8_t y)
{
  uint8_t page,offset;

  if (y < 0) {
    return 0;
  }
  if (x > 7) {
    return 1;
  }
  page=y / 8;
  if (page > 1) {
    return 1;
  }
  offset=y % 8;
  return  GT_open[page][x] & (1 << offset);
}


static void drawGT_image(const GplType *gpl)
{
```

```
  uint8_t i;

  for (i=0; i < 8; i++) {
    GT_image[i]=0;
  }
  for (i=0; i < 4; i++) {
    GT_image[(gpl->x << 1)]  |=1 << (gpl->y << 1);
    GT_image[(gpl->x << 1) + 1]  |=1 << (gpl->y << 1);
    GT_image[(gpl->x << 1)]  |=1 << ((gpl->y << 1) + 1);
    GT_image[(gpl->x << 1) + 1]  |=1 << ((gpl->y << 1) + 1);
    gpl++;
  }
  lcdHAL_drawX2(GT_image,ALIGN,2,8,1);
}
/*
*绘制1个方块
*/
static boolen drawGpl(const GplType * gpl,uint8_t x,int8_t y)
{
  uint8_t i;
  GplType * gpl_p;

  gpl_p=gpl;
  for (i=0; i < 4; i++) {
    if (getGT_openDot(gpl->x + x,gpl->y + y)) {
      return FALSE;                    /* 绘制失败 */
    } else {
      gpl++;
    }
  }
  for (i=0; i < 8; i++) {
    GT_disCache[0][i]=GT_open[0][i];
    GT_disCache[1][i]=GT_open[1][i];
  }
  gpl=gpl_p;
  for (i=0; i < 4; i++) {
    cache_setDot(gpl->x + x,gpl->y + y);
    gpl++;
  }
  return TRUE;                         /* 绘制成功 */
}

static void getGpl(void)
```

```
{
  grup=nextGrup;
  thisGL=nextThisGL;
  GplGL=nextGplGL;

  nextGrup=TL0% 7;
  nextThisGL=TL0% 4;
  nextGplGL=Gpl[nextGrup][nextThisGL];
}

static void thisGL_Change(void)
{
  uint8_t i;
  GplType * gpl_p;

  i=thisGL;
  i++;
  if (i==4) {
    i=0;
  }
  gpl_p=Gpl[grup][i];
  if (drawGpl(gpl_p,GplPos.x,GplPos.y)) {
    GplGL=gpl_p;
    thisGL=i;
    lcdHAL_drawX4(GT_disCache[0],0,0,8,2);
  }
}
static void printScore(void)
{
  char str[6];

  text_setColor(0);
  view_setXPage(ALIGN+(6*8),4);
  sprintf(str,"% d",gt.score);
  view_string(str,(6*8));

  view_setXPage(ALIGN+(6*8),6);
  view_string("123456789" + gt.grade,1);
}

static void open_writeDot(uint8_t x,int8_t y,boolen bits)
{
  uint8_t page,offset;
```

```
  if (y < 0) {
    return;                          /* 写开始区域 */
  }
  page=y / 8;
  offset=y % 8;
  if (bits) {
    GT_open[page][x] |=1 << offset;
  }else {
    GT_open[page][x] &=~(1 << offset);
  }
}


static void gt_scoreCount(void)
{
  int8_t y,y2;
  uint8_t x,tmp;

  for (y=15; y >=0; y--) {
    tmp=0;
    for (x=0; x < 8; x++) {
      tmp <<=1;
      if (getGT_openDot(x,y)) {
        tmp |=1;
      }
    }
    if (tmp==0xff) {
      for (y2=y; y2 >=0; y2--) {
        for (x=0; x < 8; x++) {
          open_writeDot(x,y2,getGT_openDot(x,y2-1));
        }
      }
      gt.score++;
      y++;
    }
  }
  for (x=0; x < 8; x++) {
    GT_disCache[0][x]=GT_open[0][x];
    GT_disCache[1][x]=GT_open[1][x];
  }
  printScore();
}
```

```
static void taskMain_timer(void)
{
  uint8_t i,y;


  y=GplPos.y;
  y++;
  if (drawGpl(GplGL,GplPos.x,y)) {
    /* 绘制成功,向下移动 */
    GplPos.y=y;
    lcdHAL_drawX4(GT_disCache[0],0,0,8,2);
  } else {
    for (i=0; i < 8; i++) {
      GT_open[0][i]=GT_disCache[0][i];
      GT_open[1][i]=GT_disCache[1][i];
    }
    gt_scoreCount();                  /* 检查 消除方块和计分 */
    /* 绘制失败,重新获取方块 */
    getGpl();
    drawGT_image(nextGplGL);
    GplPos.x=2;
    GplPos.y=-2;
    if (! drawGpl(GplGL,GplPos.x,GplPos.y)) {
      /* 游戏结束 */
      gtDTim[0].start=FALSE;
      text_setColor(1);
      view_setXPage(ALIGN+2,0);
      view_string("Game over",10 * 8);
    }
    lcdHAL_drawX4(GT_disCache[0],0,0,8,2);
  }
}
static void gt_leftMove(void)
{
  uint8_t x=GplPos.x;


  x--;
  if (drawGpl(GplGL,x,GplPos.y)) {
    GplPos.x=x;
    lcdHAL_drawX4(GT_disCache[0],0,0,8,2);
  }
}


static void get_rightMove(void)
```

```
{
  uint8_t x=GplPos.x;

  x++;
  if (drawGpl(GplGL,x,GplPos.y)) {
    GplPos.x=x;
    lcdHAL_drawX4(GT_disCache[0],0,0,8,2);
  }
}


static void gt_onClickLink(uint8_t value)
{

  int8_t y=GplPos.y;

  switch (value) {
  case 1:                          //up
    thisGL_Change();
    break;
  case 9:                          //down
    gtDTim[0].waitValue=10;
    break;
  case 4:                          //left
    gt_leftMove();
    break;
  case 6:                          //right
    get_rightMove();
    break;
  }
}


static void get_onLongClickMove_timer(void)
{
  switch (button.getOnCilckValue()) {
  case 1:                          //up
    thisGL_Change();
    break;
  case 4:                          //left
    gt_leftMove();
    break;
  case 6:                          //right
    get_rightMove();
    break;
```

```
    }
  }

static void gt_onLongClickLink(uint8_t value)
{
  switch (value) {
  case 1:                          //up
  case 4:                          //left
  case 6:                          //right
    gtDTim[1].start=TRUE;
    break;
  case 15:
    system.finish();
    break;
  }
}


static void gt_onReleaseClickLink(void)
{
  if (button.getOnReleaseClick()) {
    gtDTim[0].waitValue=1000;
  }
  if (button.getOnReleaseLongClick()) {
    gtDTim[1].start=FALSE;
  }
}


static void gt_staticLayout(void)
{
  lcdHAL_drawFillRec(32,0,1,8,0xff);
  lcdHAL_drawFillRec(ALIGN,0,128-ALIGN-18,2,0xff);
  text_setColor(1);
  view_setXPage(ALIGN+16,0);
  view_string("Tetris",6*8);
  text_setColor(0);
  view_setXPage(ALIGN,4);
  view_string("score:",6*8);
  view_setXPage(ALIGN,6);
  view_string("grade:",6*8);
  printScore();
}
static void gt_initData(void)
{
```

```
    uint8_t i;

    gt.score=0;
    gt.grade=0;

    GplPos.x=2;
    GplPos.y=-2;

    for (i=0; i < 8; i++) {
      GT_disCache[0][i]=0;
      GT_disCache[1][i]=0;
      GT_open[0][i]=0;
      GT_open[1][i]=0;
    }
    getGpl();                              /* 提前拿出一个方块 */
    getGpl();
    drawGT_image(nextGplGL);
    drawGpl(GplGL,GplPos.x,GplPos.y);
    lcdHAL_drawX4(GT_disCache[0],0,0,8,2);
}

void gameTetris(void)
{
  view_init();
  button.init();
  button.setOnClickLink(gt_onClickLink);
  button.setOnLongClickLink(gt_onLongClickLink);
  button.setOnReleaseClickLink(gt_onReleaseClickLink);

  gtDTim[0].laodValue=0;
  gtDTim[0].waitValue=1000;                //ms
  gtDTim[0].start=TRUE;

  gtDTim[1].laodValue=0;
  gtDTim[1].waitValue=100;
  gtDTim[1].start=FALSE;

  gtDTim[2].laodValue=0;
  gtDTim[2].waitValue=100;
  gtDTim[2].start=TRUE;

  system.setTim(&gtTCon);

  gt_staticLayout();
  gt_initData();
}
```

附　　录

附录A　单片机汇编语言指令表

表 A-1　控制程序转移类指令

指令助记符	功能简述	十六进制指令代码	字节数	机器周期数
JZ rel	累加器 A 内容为零转移	60 rel	2	2
JNZ rel	累加器 A 内容非零转移	70 rel	2	2
CJNE A,#data,rel	累加器 A 与立即数不等转移	B4 data rel	3	2
CJNE A,direct,rel	累加器 A 与直接寻址单元不等转移	B5 direct rel	3	2
CJNE Rn,#data,rel	寄存器内容与立即数不等转移	B8~BF data rel	3	2
CJNE @ Ri,#data,rel	片内 RAM 单元与立即数不等转移	B6~B7 data rel	3	2
DJNZ Rn,rel	寄存器内容减1,不为零转移	D8~DF rel	2	2
DJNZ direct,rel	直接寻址单元减1,不为零转移	D5 direct rel	3	2
ACALL addr11	2KB 范围内绝对调用	见表注[1]	2	2
AJMP addr11	2KB 范围内绝对转移	见表注[2]	2	2
LCALL addr16	64KB 范围内绝对调用	12 addr15~8　addr7~0	3	2
LJMP addr16	64KB 范围内绝对转移	02 addr15~8　addr7~0	3	2
SJMP rel	相对短转移	80 rel	2	2
JMP @ A+DPTR	相对长转移	73	1	2
RET	子程序返回	22	1	2
RETI	中断返回	32	1	2
NOP	空操作	00	1	1

[1] ACALL addr11 指令代码按页地址确定, 即2KB 存储地址单元可分为 0~7 页, 指令代码分别是 01a7~a0、21a7~a0、41a7~a0、61a7~a0、81a7~a0、A1a7~a0、C1a7~a0、E1a7~a0。

[2] AJMP addr11 指令代码按页地址确定, 即2KB 存储地址单元可分为 0~7 页, 指令代码分别是 11a7~a0、31a7~a0、51a7~a0、71a7~a0、91a7~a0、B1a7~a0、D1a7~a0、F1a7~a0。

表 A-2 数据传送类指令

指令助记符	功能简述	十六进制指令代码	字节数	机器周期数
MOV A,Rn	寄存器送累加器 A	E8～EF	1	1
MOV Rn,A	累加器 A 送寄存器	F8～FF	1	1
MOV A,@ Ri	片内 RAM 单元送累加器 A	E6～E7	1	1
MOV @ Ri,A	累加器 A 送片内 RAM 单元	F6～F7	1	1
MOV A,#data	立即数送累加器 A	74 data	2	1
MOV A,direct	直接寻址单元送累加器 A	E5 direct	2	1
MOV direct,A	累加器 A 送直接寻址单元	F5 direct	2	1
MOV Rn,#data	立即数送寄存器	78～7F data	2	1
MOV direct,#data	立即数送直接寻址单元	75 direct data	3	2
MOV @ Ri,#data	立即数送片内 RAM 单元	76～77 data	2	1
MOV direct,Rn	寄存器送直接寻址单元	88～8F direct	2	2
MOV Rn,direct	直接寻址单元送寄存器	A8～AF direct	2	2
MOV direct,@ Ri	片内 RAM 单元送直接寻址单元	86～87 direct	2	2
MOV @ Ri,direct	直接寻址单元送片内 RAM 单元	A6～A7 direct	2	2
MOV direct2,direct1	直接寻址单元 1 送直接寻址单元 2	85 direct1 direct2	3	2
MOV DPTR,#data16	DPTR 指向 data16 地址	90 data15～8 data7～0	3	2
MOVX A,@ Ri	片外 RAM 单元(8 位)送累加器 A	E2～E3	1	2
MOVX @ Ri,A	累加器 A 送片外 RAM 单元(8 位)	F2～F3	1	2
MOVX A,@ DPTR	片外 RAM 单元(16 位)送累加器 A	E0	1	2
MOVX @ DPTR,A	累加器 A 送片外 RAM 单元(16 位)	F0	1	2
MOVC A,@ A+DPTR	查表数据送累加器 A(数据指针为基址)	93	1	2
MOVC A,@ A+PC	查表数据送累加器 A(程序计数器为基址)	83	1	2
XCH A,Rn	累加器 A 与寄存器内容互换	C8～CF	1	1
XCH A,@ Ri	累加器 A 与片内 RAM 单元内容交换	C6～C7	1	1
XCH A,direct	累加器 A 与直接寻址单元,内容交换	C5 direct	2	1
XCHD A,@ Ri	累加器 A 与片内 RAM 单元,低 4 位内容交换	D6～D7	1	1
SWAP A	累加器 A 高 4 位与低 4 位交换	C4	1	1
POP direct	栈顶数据弹至直接寻址单元	D0 direct	2	2
PUSH direct	直接寻址单元内容压入栈顶	C0 direct	2	2

表 A-3　算术运算类指令

指令助记符	功能简述	十六进制 指令代码	字节数	机器 周期数
ADD A,Rn	累加器 A 与寄存器内容相加,存累加器 A	28~2F	1	1
ADD A,@ Ri	累加器 A 与片内 RAM 单元内容相加,存累加器 A	26~27	1	1
ADD A,direct	累加器 A 与直接寻址单元内容相加,存累加器 A	25 direct	2	1
ADD A,#data	累加器 A 内容与立即数相加,存累加器 A	24 data	2	1
ADDC A,Rn	累加器 A、寄存器内容与进位标志相加,存累加器 A	38~3F	1	1
ADDC A,@ Ri	累加器 A、片内 RAM 单元内容与进位标志相加,存累加器 A	36~37	1	1
ADDC A,direct	累加器 A、直接寻址单元内容与进位标志相加,存累加器 A	35 direct	2	1
ADDC A,#data	累加器 A 内容与立即数、进位标志相加,存累加器 A	34 data	2	1
INC A	累加器 A 内容加 1	04	1	1
INC Rn	寄存器内容加 1	08~0F	1	1
INC direct	直接寻址单元内容加 1	05 direct	2	1
INC @ Ri	片内 RAM 单元内容加 1	06~07	1	1
INC DPTR	数据指针加 1	A3	1	2
DA A	BCD 码时十进制调整	D4	1	1
SUBB A,Rn	累加器 A 内容减寄存器内容和进位标志,存入累加器 A	98~9F	1	1
SUBB A,@ Ri	累加器 A 内容减片内 RAM 单元和进位标志,存入累加器 A	96~97	1	1
SUBB A,#data	累加器 A 内容减立即数和进位标志,存入累加器 A	94 data	2	1
SUBB A,direct	累加器 A 内容减直接寻址单元内容和进位标志,存入累加器 A	95 direct	2	1
DEC A	累加器 A 内容减 1	14	1	1
DEC Rn	寄存器内容减 1	18~1F	1	1
DEC @ Ri	片内 RAM 单元内容减 1	16~17	1	1
DEC direct	直接寻址单元内容减 1	15 direct	2	1
MUL AB	累加器 A 乘以寄存器 B,结果高位存寄存器 B,低位存累加器 A	A4	1	4
DIV AB	累加器 A 除以寄存器 B,结果商存累加器 A,余数存寄存器 B	84	1	4

表 A-4 位操作类指令

指令助记符	功能简述	十六进制指令代码	字节数	机器周期数
MOV C,bit	位数据直接送入 CY	A2 bit	2	1
MOV bit,C	CY 内容直接送入指定位	92 bit	2	2
CLR C	CY 内容清零	C3	1	1
CLR bit	指定位内容清零	C2 bit	2	1
CPL C	CY 内容取反	B3	1	1
CPL bit	指定位内容取反	B2 bit	2	1
SETB C	CY 内容置位	D3	1	1
SETB bit	指定位内容置位	D2 bit	2	1
ANL C,bit	指定位与 CY 内容相与,结果存 CY	82 bit	2	2
ANL C,/bit	指定位数据取反,与 CY 内容相与,结果存 CY	B0 bit	2	2
ORL C,bit	指定位与 CY 内容相或,结果存 CY	72 bit	2	2
ORL C,/bit	指定位数据取反,与 CY 内容相或,结果存 CY	A0 bit	2	2
JC rel	CY 为 1 转移	40 rel	2	2
JNC rel	CY 为 0 转移	50 rel	2	2
JB bit,rel	指定位为 1 转移	20 bit rel	3	2
JNB bit,rel	指定位为 0 转移	30 bit rel	3	2
JBC bit,rel	指定位为 1 转移并清零该位	10 bit rel	3	2

附录 B　ASCII 字符代码表

（American Standard Code for Information Interchange 美国标准信息交换代码）

低四位＼高四位	0000 (0)			0001 (1)			0010 (2)		0011 (3)		0100 (4)		0101 (5)		0110 (6)		0111 (7)	
	代码	字符解释	十进制	代码	字符解释	十进制	字符	十进制	字符	十进制	字符	十进制	字符	十进制	字符	十进制	字符	十进制
	ASCII 非打印控制字符						ASCII 打印字符											
0000	NUL	空字符	0	DLE	数据链路转义	16	(空格)	32	0	48	@	64	P	80	`	96	p	112
0001	SOH	标题开始	1	DC1	设备 1	17	!	33	1	49	A	65	Q	81	a	97	q	113
0010	STX	正文开始	2	DC2	设备 2	18	"	34	2	50	B	66	R	82	b	98	r	114
0011	ETX	正文结束	3	DC3	设备 3	19	#	35	3	51	C	67	S	83	c	99	s	115
0100	EOT	传输结束	4	DC4	设备 4	20	$	36	4	52	D	68	T	84	d	100	t	116
0101	ENQ	请求	5	NAK	拒绝接收	21	%	37	5	53	E	69	U	85	e	101	u	117
0110	ACK	收到通知	6	SYN	同步空闲	22	&	38	6	54	F	70	V	86	f	102	v	118
0111	BEL	响铃	7	ETB	传输块结束	23	'	39	7	55	G	71	W	87	g	103	w	119
1000	BS	退格	8	CAN	取消	24	(	40	8	56	H	72	X	88	h	104	x	120
1001	HT	水平制表	9	EM	介质中断	25	)	41	9	57	I	73	Y	89	i	105	y	121
1010	LF	换行	10	SUB	替补	26	*	42	:	58	J	74	Z	90	j	106	z	122
1011	VT	垂直制表	11	ESC	溢出	27	+	43	;	59	K	75	[	91	k	107	{	123
1100	FF	换页/新页	12	FS	文件分割符	28	,	44	<	60	L	76	\	92	l	108	|	124
1101	CR	回车	13	GS	分组符	29	-	45	=	61	M	77	]	93	m	109	}	125
1110	SO	不用切换	14	RS	记录分离符	30	.	46	>	62	N	78	^	94	n	110	~	126
1111	SI	启用切换	15	US	单元分隔符	31	/	47	?	63	O	79	_	95	o	111	DEL 删除	127

注：第二行与第一列为二进制，第三行与第二列为十六进制，如大写字母 "A" 十进制为 65，二进制为 01000001，十六进制为 41。

附录 C 单片机开发板

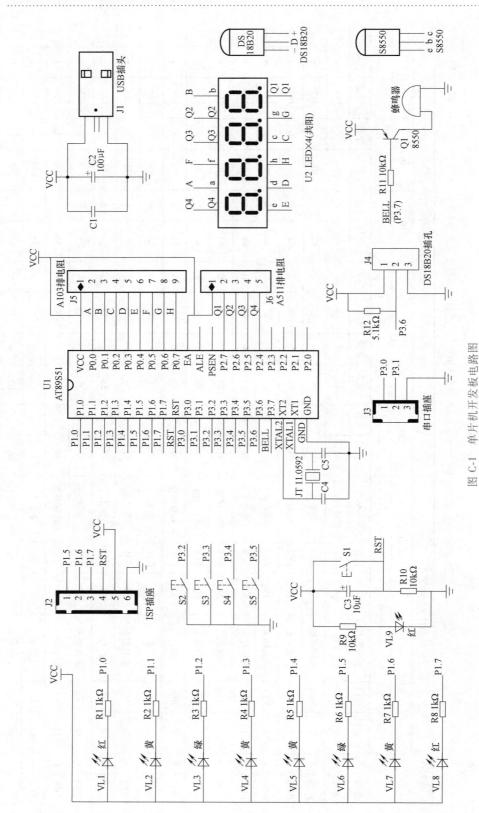

图 C-1 单片机开发板电路图

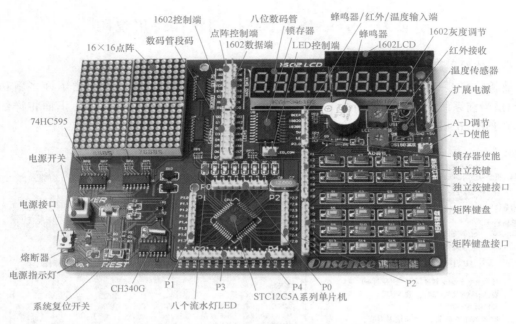

图 C-2　θS-EASY51 开发板资源分布图

附录 D　STC-ISP 下载控制软件使用说明

一、软件界面说明

最新的 STC-ISP 下载控制软件 V6.85 的界面如图 D-1 所示。该软件新增了许多新功能（如扫描当前系统中可用的串行口、波特率计算器、选型/价格/样品表等）。下面将详细介绍 STC-ISP V6.85 软件的各个功能。

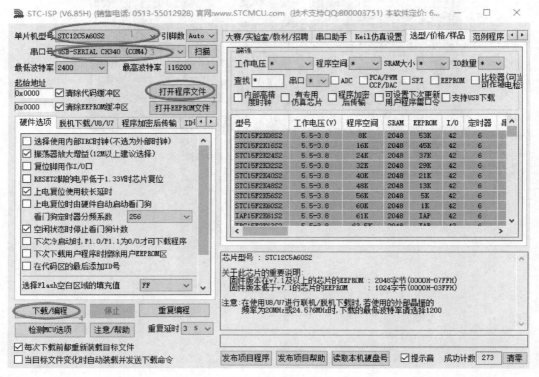

图 D-1　STC-ISP 下载控制软件界面

1. 基本操作步骤

步骤 1：选择使用的单片机型号，如 STC12C5A60S2 等。

步骤 2：打开程序文件，要烧录用户程序，必须调入用户的程序代码（ *.bin，*.hex）。

步骤 3：选择使用的计算机串行口，如串行口 1（COM1）、串行口 2（COM2）等。有些便携式计算机没有 RS-232 串行口，可购买一条 USB-RS232 转接器。

步骤 4：单击"下载/编程"按钮下载用户程序到单片机，可重复执行步骤 4，也可以单击"重复编程"按钮。

下载时注意看提示，主要看是否要给单片机上电或复位，由于软件下载速度比一般通用编程器快，一定要先单击"下载/编程"按钮，然后再给单片机上电复位（先彻底断电），而不要先上电。若先上电，检测不到合法的下载命令流时，单片机会直接运行用户程序。

2. 关于硬件连接

1）MCU/单片机 RXD（P3.0）—RS-232 转换器—PC/计算机 TXD（COM Port Pin3）。

2）MCU/单片机 TXD（P3.1）—RS-232 转换器—PC/计算机 RXD（COM Port Pin2）。

3）MCU/单片机 GND—PC/计算机 TXD（COM Port Pin5）。

4）如果单片机系统 P3.0/P3.1 连接到 RS-485 计算机，推荐在选项里选择"下次冷启动时，P1.0/P1.1 为 0/0 才可下载程序"。这样冷启动后如 P1.0、P1.1 不同时为 0，单片机直接运行用户程序，避免 RS-485 总线上的乱码造成单片机反复判断乱码是否合法，浪费几百毫秒的时间，如果单片机系统本身 P3.0、P3.1 做串行口（后文简称为串口）使用，也建议选择"下次冷启动时，P1.0/P1.1 为 0/0 才可下载程序"，以便下次冷启动直接运行用户程序。

5）RS-232 转换器可选用 MAX232/SP232（4.5-5.5V），MAX332/SP3232（3V-5.5V）。

3. 软件界面部分对话框、选项卡

单击图 D-1 所示界面上的"注意/帮助"按钮后出现图 D-2 所示对话框。

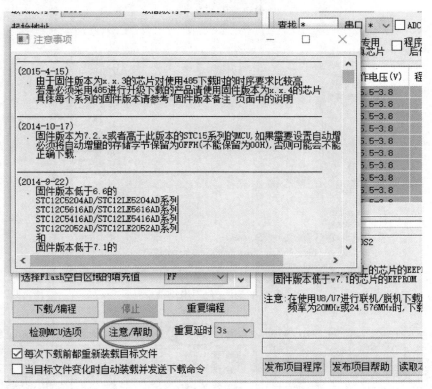

图 D-2　注意/帮助对话框

单击图 D-1 所示"串口助手"，选项卡如图 D-3 所示。

在串口助手选项卡上单击鼠标右键选择"独立使用串口助手"，可以将串口助手从 STC-ISP 下载控制软件的主界面中独立出来（如图 D-4 所示），关闭独立使用的工具可以再次返回主界面。

STC-ISP V6.85 软件集成了波特率计算器，利用波特率计算器可以很方便地求出波特率，并可以生成相应的代码（C 语言代码或汇编语言代码）。波特率计算器选项卡如图 D-5 所示。

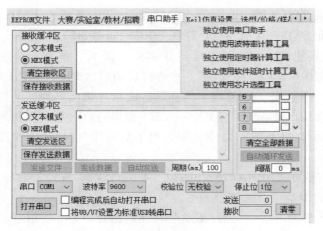

图 D-3 串口助手选项卡

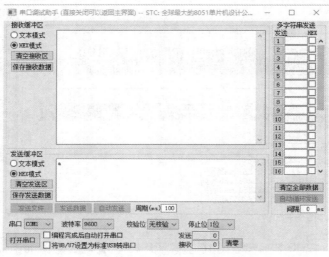

图 D-4 独立使用串口助手

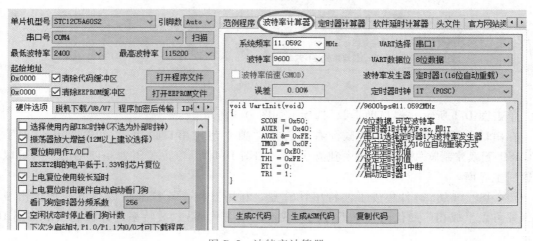

图 D-5 波特率计算器

STC-ISP V6.85 软件还集成了定时器计算器，定时器计算器也可以生成相应的代码（C语言代码或汇编语言代码），根据用户的设置对定时器各相关寄存器进行初始化。定时器计算器选项卡如图 D-6 所示。

另外，STC-ISP V6.85 软件还集成了软件延时计算器，软件延时计算器也可以生成相应的代码（C 语言代码或汇编语言代码），根据用户的设置可以生成延时子函数。软件延时计算器选项卡如图 D-7 所示。

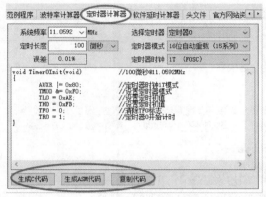

图 D-6　定时器计算器

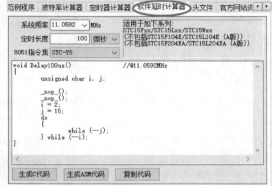

图 D-7　软件延时计算器

除串口助手外，波特率计算器、定时器计算器、软件延时计算器都可以从 STC-ISP 下载控制软件的主界面中独立出来，关闭独立使用的工具可以再次返回主界面。

STC-ISP V6.85 软件还设计了 Keil 仿真设置选项卡，如图 D-8 所示。

STC-ISP V6.85 软件还包含了头文件选项卡，供用户查询和复制。头文件选项卡如图 D-9 所示。

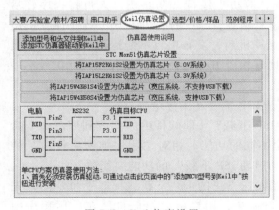

图 D-8　Keil 仿真设置

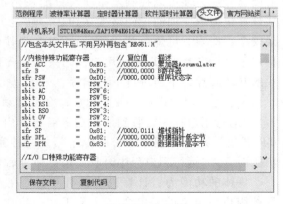

图 D-9　头文件

另外，用户还可以在 STC-ISP V6.85 软件中查询 STC 系列单片机的选型和价格。

二、软件发布项目使用说明

发布项目功能主要是将用户的程序代码与相关的选项设置打包成一个可以直接对目标芯片进行下载编程的可执行文件。发布项目的前 3 步如图 D-10 所示。

关于界面，用户可以自己进行定制（用户可以自行修改发布项目的标题、按钮名称以

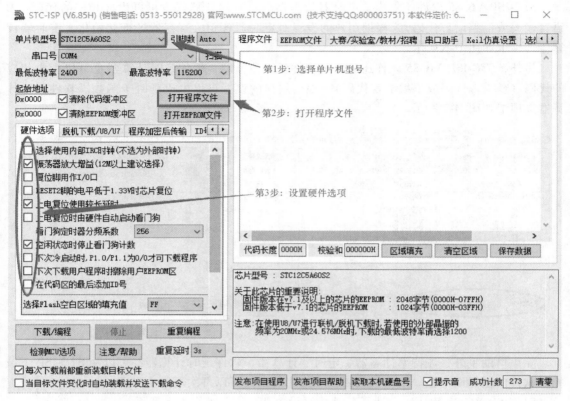

图 D-10　发布项目前 3 步

及帮助信息），同时用户还可以指定目标计算机的硬盘号和目标芯片的 ID，指定目标计算机的硬盘号后，便可以控制发布项目只能在指定的计算机上运行（防止烧录人员将程序轻易从计算机盗取，如通过网络发送出去、通过 U 盘复制等，STC 的脱机下载工具比计算机烧录安全，能限制可烧录芯片数量），复制到其他计算机后，发布项目不能运行。同样地，当指定了目标芯片的 ID 后，用户代码只能下载到具有相应 ID 的目标芯片中，对于 ID 号不一致的其他芯片，不能进行下载编程。

三、运行用户程序时收到用户命令后自动启动 ISP 下载（不停电）

"运行用户程序时收到用户命令后自动启动 ISP 下载"（即软件中的"收到用户命令后 ISP 下载"）与"程序加密后传输"是两种完全不同的功能。相对"程序加密后传输"的功能而言，"运行用户程序时收到用户命令后自动启动 ISP 下载"的功能要简单一些。

具体的功能为：计算机或脱机下载板在开始发送真正的 ISP 下载编程握手命令前，先发送用户自定义的一串命令（关于这一串串行口命令，用户可以根据自己在应用程序中的串行口设置来设置波特率、校验位以及停止位），然后再立即发送 ISP 下载编程握手命令。

"运行用户程序时收到用户命令后自动启动 ISP 下载"这一功能主要是在项目的早期开发阶段，实现不断电（不用给目标芯片重新上电）即可下载用户代码。具体的实现方法是：用户需要在自己的程序中加入一段检测自定义命令的代码，当检测到后，执行一句"MOV LAP_ CONTR，#60H"的汇编代码或者"IAP_ CONTR = 0x60；"的 C 语言代码，MCU 就会自动复位到 ISP 区域执行 ISP 代码。

如图 D-11 所示，将自定义命令设置为波特率为 11520bit/s、无校验位、1 位停止位的命令序列：0x12、0x34、0x56、0xAB、0xCD、0xEF、0x12。当勾选上"每次下载前都先发送自定义命令"的选项后，即可实现自定义下载功能。

图 D-11　自定义自动下载

单击"发送用户自定义命令并开始下载"或者单击界面左下角的"下载/编程"按钮，应用程序便会发送如图 D-12 所示的串行口数据。

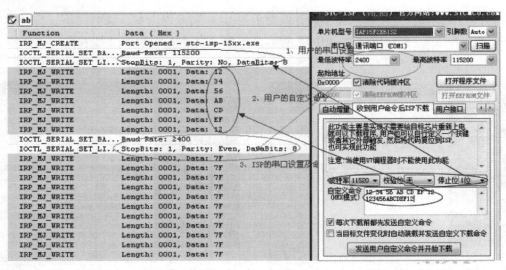

图 D-12　发送串行口数据

四、Windows XP 操作系统下的 STC-USB 驱动程序安装说明

打开 STC-ISP V6.85 软件（或者更新的版本），如图 D-13 所示，软件会自动将驱动文件复制到相关的系统目录。

图 D-13 软件界面

插入 USB 设备，系统找到设备后自动弹出图 D-14 所示对话框，选择"否，暂时不"选项，单击"下一步"。对话框如图 D-15 所示，选择"自动安装软件（推荐）"选项，单击"下一步"。

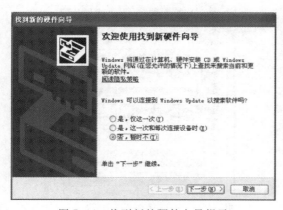

图 D-14 找到新的硬件向导提示

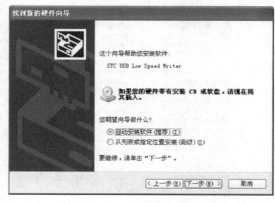

图 D-15 自动安装软件

弹出对话框如图 D-16 所示，单击"仍然继续"按钮。

随后系统会自动安装驱动，直到安装完成。

安装成功后，在 STC-ISP 下载控制软件中的"串口号"一项中就会自动显示。

图 D-16　硬件安装驱动

参 考 文 献

［1］ 陈权昌，李兴富. 单片机原理及应用 ［M］. 广州：华南理工大学出版社，2007.

［2］ 王平. 单片机应用设计与制作——基于 Keil 和 Proteus 开发仿真平台 ［M］. 2 版. 北京：清华大学出版社，2016.

［3］ 黄锡泉，何用辉. 单片机技术及应用（基于 Proteus 的汇编和 C 语言版）［M］. 北京：机械工业出版社，2014.

［4］ 姚存治. 单片机应用技术——汇编+C51 项目教程 ［M］. 北京：机械工业出版社，2015.

［5］ 朱蓉. 单片机技术与应用 ［M］. 北京：机械工业出版社，2011.

［6］ 陈勇，程月波，荆蕾. 单片机原理及应用——基于汇编、C51 及混合编程 ［M］. 北京：高等教育出版社，2014.